"十二五"普通高等教育本科国家级规划教材

数 字 逻 辑

（第七版·立体化教材）

主编　白中英　朱正东

参编　覃健诚　吴　俊　方　维

　　　赖晓铮　董华松

科学出版社

北　京

内 容 简 介

本书为"十二五"普通高等教育本科国家级规划教材。全书内容共 7 章：第 1 章开关理论基础，第 2 章组合逻辑，第 3 章时序逻辑，第 4 章存储逻辑，第 5 章可编程逻辑，第 6 章数字系统，第 7 章 A/D 转换、D/A 转换。教学内容具有基础性和时代性，从理论和实践两方面解决了与后续课程的衔接。

本书是作者对"数字逻辑"课程体系、教学内容、教学方法和教学手段进行综合改革的具体成果。本书内容全面，取材新颖，概念清楚，系统性强，注重实践教学和能力培养，形成了文字主辅教材、多媒体 CAI 课件、试题库、习题库、实验仪器、教学实验、课程设计等综合配套的立体化教学体系。

本书文字流畅、通俗易懂，有广泛的适用面，可作为高等院校计算机、电子、通信、自动化等信息类专业的基础课教材，也可作为成人自学考试用书。

图书在版编目（CIP）数据

数字逻辑/白中英，朱正东主编. —7 版. —北京：科学出版社，2020.12
"十二五"普通高等教育本科国家级规划教材·立体化教材
ISBN 978-7-03-064108-3

Ⅰ. ①数… Ⅱ. ①白… ②朱… Ⅲ. ①数字逻辑-高等学校-教材
Ⅳ. ①TP302.2

中国版本图书馆 CIP 数据核字（2019）第 296034 号

责任编辑：余 江 匡 敏 毛 莹／责任校对：王 瑞
责任印制：赵 博／封面设计：迷底书装

科 学 出 版 社 出版
北京东黄城根北街 16 号
邮政编码：100717
http://www.sciencep.com

保定市中画美凯印刷有限公司印刷
科学出版社发行 各地新华书店经销
*
1998 年 7 月第 一 版 开本：787×1092 1/16
2020 年 12 月第 七 版 印张：13
2024 年 12 月第三十四次印刷 字数：304 000
定价：52.00 元
（如有印装质量问题，我社负责调换）

前　　言

现代科学技术的发展速度真可谓一日千里。新理论、新发现从提出到实际应用的周期大大缩短，对知识的更新迭代提出了更高的要求。就数字逻辑器件的功能和使用方法来说，20 世纪 60 年代末期出现标准通用片，70 年代中后期出现现场片(PROM，PLA，PAL)，80 年代初期出现半用户片(门阵列片)，80 年代中期出现通用阵列逻辑(GAL)，80 年代后期出现现场可更改的门阵列片(FPGA)，90 年代又出现在系统可编程(ISP)的用户片。在这样的发展历程中，用户逐步由被动地对厂商提供的标准片进行选择，发展到半主动乃至全主动地投入对芯片的设计和选择。数字器件这种更新换代的迅速发展，一方面使数字系统的设计方法发生了革命性变化，另一方面也对传统的"数字电路"课程的教学体系、教学内容、人才培养模式和任课教师提出了挑战。

"数字逻辑与数字系统"原是美国权威教育机构 ACM/IEEE-CS 联合提出的课程。经教育部历届计算机类专业教学指导委员会推荐和规范，这门课程现定名为"数字逻辑"，并将其作为我国计算机学科的专业基础课程。作者认为，一本好的《数字逻辑》教材应当具有优秀教材的七条质量标准，并应具备以下特点：

(1) 基础性强，为学生学习后续课程和建立终生知识体系打下良好基础；

(2) 系统性强，知识模块彼此交互，使学生能清晰地建立数字系统总体概念；

(3) 时代性强，及时反映前沿方向，以适应数字技术快速发展的需要；

(4) 实践性强，理论教学与实践教学结合，注重学生的智力开发和能力培养；

(5) 应用性强，有较广的适用面，以满足学生从事开发应用各类数字系统的需要；

(6) 启发性强，结合数字技术的重大进展，培养学生的创新思维和创新意识。

本教材是"十二五"普通高等教育本科国家级规划教材，是北京邮电大学计算机学院、西安交通大学计算机科学与技术学院、西北工业大学电子信息学院、华南理工大学计算机科学与工程学院、中国石油大学信息科学与工程学院、清华大学科教仪器厂等单位的教师和工程师们的合作成果。

根据作者多年来从事理论教学与实践教学的经验，从传授知识和培养能力的目标出发，结合本课程教学的特点和难点，本书采用文字主辅教材、多媒体课件、教学仪器、教学实验、课程设计等综合配套，形成了理论、实验、设计三个过程相统一的立体化教学体系。建议理论教学 56～64 学时，实验教学 16 学时。另外小学期可集中安排 32 学时的课程综合设计实践。

理论教学学时建议：第 1 章 4 学时，第 2 章 8 学时，第 3 章 15 学时，第 4 章 6 学时，第 5 章 15 学时，第 6 章 8 学时，第 7 章 4 学时。

考虑到与软件设计工具保持一致，本书中的逻辑图符采用国际通用符号。

高荔、杨秦、张杰、靳秀国等老师参与了第七版教材配套教学仪器和教学软件的研制。

中国科学院陈国良院士审阅了本书。清华大学科教仪器厂李鸿儒教授、陈玉春工程师给予了大力支持。美国 Lattice 半导体有限公司和 Xilinx 公司提供了可编程器件的资料和设计工具。在此，作者一并表示衷心感谢。

　　本书适用于计算机、电子、通信、自动化等信息大类专业的本科教学，教学内容上力求基础性与时代性的统一。尤其对计算机类专业，本书注重与后续课程的内容衔接，保证了后续课程的顺利进行和教学质量。做好课程衔接，也是我们课程建设的一条重要经验。

　　国家强盛靠人才，人才培养靠教育，教育是科技之母，教育是富国之本！为此，无论是教师还是学生，都要奋发图强，自强不息，与时俱进，与世俱进！

　　最后，我们引用一位哲人的名言与读者共勉：

如果今天你不想生活在未来，那么明天你将生活在过去！

白中英　朱正东

2020 年 10 月

目　录

第 *1* 章

开关理论基础

开关理论是以二进制数为基础的理论，包括二进制数为基础的数制和码制，描述逻辑电路的数学工具、图形和符号语言。开关理论奠基了计算机等现代数字系统的硬件构造基础。本章先讨论二进制系统、数制与码制，然后讨论逻辑函数及其描述工具、布尔代数和卡诺图，最后介绍数字集成电路。

1.1 二进制系统

1.1.1 连续量和离散量

电子电路分为模拟电子电路和数字电子电路两大类。

模拟电子电路中，数值的度量采用直流电压或电流的连续值，通常称为模拟量。模拟量的特点是数值由连续量来表示，其运算过程也是连续的。例如，我们熟悉的温度计是用水银长度来表示温度高低；钟表是用指针在表盘上的转动位置来表示时间；老式电表是用角度来反映电量大小。

自然界中的大多数事物本质上都可以用模拟形式作为量的衡量，如时间、温度、压力、距离、声音，等等。比如空气温度是一个模拟量，它在一个连续的范围内变化。对于某地某一天，温度不是瞬间从 20℃ 变化到 30℃，而是经历了其间无数的值。图 1.1 是北京 7 月某天 24 小时的温度变化图，它是一条平滑连续的曲线。

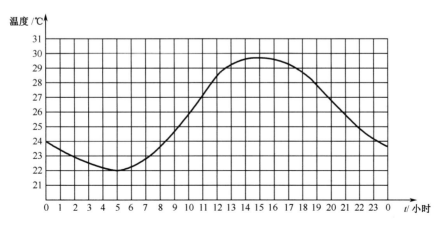

图 1.1 温度变化的连续量曲线图

数字电子电路中，数值的度量采用数字量，它通常由 0 或 1 组成的一串二进制数组成。数字量的特点是数值为离散量，运算结果也是离散量。

图 1.1 中假设我们不是在时间连续的基础上测量气温变化的曲线图，而改为每小时测量一次，那么我们就可以采样到 24 小时内离散的时间点上的温度值，如图 1.2 所示。从图中看出，可以把连续量曲线转化为一种用离散量曲线表示的每个采样值的形式。此时时间和温度两个参数都用数字量表示，它们由一串二进制数码组成。

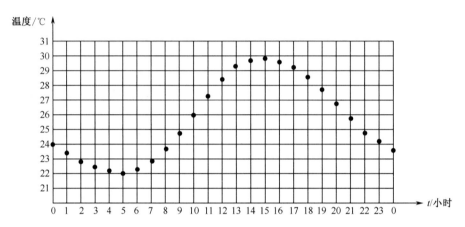

图 1.2   温度变化的离散量曲线图

数字量在数据精度、传输效率、可靠性指标等方面均比模拟量高得多，而且在数据存储方面比模拟量具有更大的优势，因此现代电子技术中数字式系统得到了最广泛的应用。本书研究的内容是数字式系统，它们是在二进制系统的基础上构建的。

1.1.2 开关量

自然界中存在有二状态的物理元件，例如晶体管的导通或截止，机械开关的开启或闭合，磁性材料的两种不同剩磁状态。这两种不同状态可用两种不同的电平即高电平(H)或低电平(L)来表示。这种二状态系统称为二进制系统，通常高电平 H 代表"1"，低电平 L 代表"0"。二进制系统的两个数字 1 和 0 是一个开关量，常称为比特。在数字系统中，这两种状态的组合称之为码，可用来表示数字、字母、符号以及其他类型的信息。

用来表示数字 1 和 0 的电平称为逻辑电平，用来描述开关量。理想情况下，一个电压表示高(H)，另一个电压表示低(L)。但是在实际的数字电路中，可指定最小值和最大值之间的任何一个电压值来表示 H(逻辑 1)。同样，可指定最小值和最大值之间的任何一个电压值来表示 L(逻辑 0)。

图 1.3 说明了数字电路中开关量通常的范围。$V_{H(max)}$ 表示 H 的最大电压值，$V_{H(min)}$ 表示 H 的最小电压值；$V_{L(max)}$ 表示 L 的最大电压值，$V_{L(min)}$ 表示 L 的最小电压值。例如 TTL 型数字电路，H 值范围 2～5V 代表逻辑 1，L 值范围 0～0.8V 代表逻辑 0。0.8V 到 2V 之间是不被使用的。CMOS 型数字电路的 H 值范围为 2～3.3V。

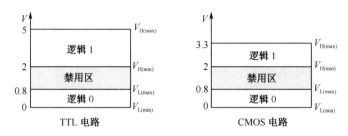

图 1.3　数字电路的逻辑电平范围

1.1.3　数字波形

数字系统所处理的二进制信息可用波形的形式表示，波形代表了比特序列。当波形处于高电平时代表比特 1，而波形处于低电平时则代表比特 0，因此，数字波形由逻辑高电平 (H) 或低电平 (L) 及其维持时间形成的脉冲序列所组成，它反映了数字电路工作中开关量的动态变化。图 1.4(a) 表示理想的正脉冲，前沿为上升沿；图 1.4(b) 表示理想的负脉冲，前沿为下降沿。

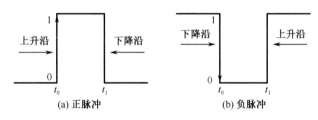

图 1.4　理想的脉冲波形

图 1.5 表示了非理想状态下的实际脉冲波形，上升沿和下降沿并不是直上直下。由于信号在电路中的延迟，从低电平变到高电平需要一个过程，从高电平变到低电平也需要一个过程。我们定义从基准线到高电平的电压值为脉冲幅度；从脉冲幅度的 10% 到 90% 的时间 t_r 为上升时间，从脉冲幅度的 90% 到 10% 的时间 t_f 为下降时间；上升沿 50% 到下降沿 50% 的时间 t_w 为脉冲宽度，它是脉冲持续时间的度量。t_r, t_f, t_w 是脉冲波形的三个重要参数，它反映了数字电路的工作速度。

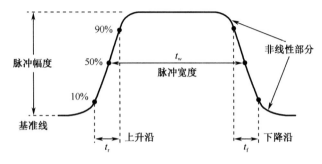

图 1.5　非理想状态下脉冲参数

数字系统中的大多数波形是由脉冲组成的，有时被称为脉冲链，可分为周期性波形和非周期性波形两类，如图 1.6 所示。

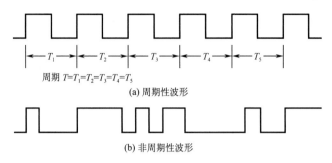

(a) 周期性波形

(b) 非周期性波形

图 1.6   数字波形举例

在周期性脉冲中,有两个重要的参数 T 和 f。脉冲周期 T 定义为两个相邻的脉冲前沿之间的时间间隔,它是一个常数。脉冲频率 f 定义为脉冲周期 T 的倒数,它表示脉冲重复的速度,用赫兹(Hz)度量。频率 f 和周期 T 之间关系如下:

$$f = \frac{1}{T}, \quad T = \frac{1}{f} \tag{1.1}$$

周期性波形中另一个重要参数是频宽比 D,也称为占空系数。它定义为脉冲宽度 t_w 和脉冲周期 T 之比的百分数,即

$$D = \left(\frac{t_w}{T}\right) \times 100\% \tag{1.2}$$

在非周期性脉冲中,波形不在固定的时间间隔内重复,它由随机的不同脉冲宽度和不同时间间隔的脉冲组成。

【例 1】   一个周期数字波形的区段如图 1.7 所示,测量值用 μs 表示。求此波形的周期 T,频率 f,频宽比 D。

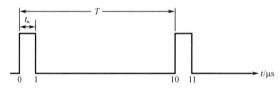

图 1.7   例 1 数字波形

解   周期 T 是用第 1 个脉冲的前沿和下一个脉冲的前沿之间的时间来表示,所以
$T = 10\mu s$

$$f = \frac{1}{T} = \frac{1}{10\mu s} = 100000\text{Hz}$$

$$D = \left(\frac{t_w}{T}\right) \times 100\% = \left(\frac{1\mu s}{10\mu s}\right) \times 100\% = 10\%$$

1.2   数制与码制

1.2.1   进位计数制

1. 十进制计数制

人类的祖先在长期的生产劳动实践中学会了用十个指头计数,因而产生了我们最熟悉

的十进制数。任意一个十进制数 $(S)_{10}$ 可以表示为

$$(S)_{10} = k_n 10^{n-1} + k_{n-1} 10^{n-2} + \cdots + k_1 10^0 + k_0 10^{-1} + k_{-1} 10^{-2} + \cdots + k_{-m} 10^{-m-1}$$
$$= \sum_{i=n}^{-m} k_i 10^{i-1} \tag{1.3}$$

其中，k_i 可以是 $0 \sim 9$ 十个数码中的任意一个，m 和 n 是正整数，表示权；k_i，m，n 均由 $(S)_{10}$ 决定，(S) 的下标与式中的 10 是十进制的基数。由于基数为 10，每个数位计满 10 就向高位进位，即逢十进一，所以称它为十进制计数制。

【例2】 将十进制数 2007.9 写成权表示的形式。

解 $(2007.9)_{10} = 2 \times 10^3 + 0 \times 10^2 + 0 \times 10^1 + 7 \times 10^0 + 9 \times 10^{-1}$

2. 二进制计数制

在数字系统中，为了便于工程实现，广泛采用二进制计数制。这是因为，二进制表示的数的每一位只取数码 0 或 1，因而可以用具有两个不同稳定状态的电子元件来表示，并且数据的存储和传送也可用简单而可靠的方式进行。二进制的基数是 2，其计数规律是逢二进一。

任意一个二进制数可以表示成

$$(S)_2 = k_n 2^{n-1} + k_{n-1} 2^{n-2} + \cdots + k_1 2^0 + k_0 2^{-1} + k_{-1} 2^{-2} + \cdots + k_{-m} 2^{-m-1}$$
$$= \sum_{i=n}^{-m} k_i 2^{i-1} \tag{1.4}$$

其中，k_i 只能取 0 或 1，它由 $(S)_2$ 决定；m，n 为正整数，表示权。

【例3】 将二进制数 1101.101 写成权表示的形式。

解 $(1101.101)_2 = 1 \times 2^3 + 1 \times 2^2 + 0 \times 2^1 + 1 \times 2^0 + 1 \times 2^{-1} + 0 \times 2^{-2} + 1 \times 2^{-3}$

3. 八进制计数制和十六进制计数制

采用二进制计数制，对计算机等数字系统来说，运算、存储和传输极为方便，然而，二进制数书写起来很不方便。为此人们经常采用八进制计数制和十六进制计数制来进行书写或打印。

任意一个八进制数可以表示成

$$(S)_8 = \sum_{i=n}^{-m} k_i 8^{i-1} \tag{1.5}$$

其中，k_i 可取 0，1，2，$\cdots$，7 八个数之一，它由 $(S)_8$ 决定；m 和 n 为正整数，表示权。八进制数的计数规律为逢八进一。

【例4】 将八进制数 $(67.731)_8$ 写成权表示的形式。

解 $(67.731)_8 = 6 \times 8^1 + 7 \times 8^0 + 7 \times 8^{-1} + 3 \times 8^{-2} + 1 \times 8^{-3}$

任意一个十六进制数可以表示成

$$(S)_{16} = \sum_{i=n}^{-m} k_i 16^{i-1} \tag{1.6}$$

其中，k_i 可取 0，1，2，$\cdots$，9，A，B，C，D，E，F 等十六个数码、字母之一，它由 $(S)_{16}$ 决定；m 和 n 为正整数，表示权。十六进制数的计数规律为逢十六进一。

【例 5】 将十六进制数 $(8AE6)_{16}$ 写成权表示的形式。

解 $(8AE6)_{16} = 8 \times 16^3 + A \times 16^2 + E \times 16^1 + 6 \times 16^0$

1.2.2 进位计数制的相互转换

人们习惯的是十进制数，计算机采用的是二进制数，人们书写时又多采用八进制数或十六进制数，因此，必然产生各种进位计数制间的相互转换问题。

1. 八进制、十六进制与十进制数的转换

一个十进制整数转换成八进制表示的数时，可按除 8 取余的方法进行。

【例 6】 $(725)_{10} = (?)_8$

解

```
 8 │ 7   2   5    余数   5  ↑低位
      8 │ 9   0    余数   2
          8 │ 1   1  余数   3
              8 │ 1  余数   1  │高位
                  0
```

转换结果，得到 $(725)_{10} = (1325)_8$。

类似地，一个十进制整数转换成十六进制数时，可按除 16 取余的方法进行。

【例 7】 $(725)_{10} = (?)_{16}$

解

```
16 │ 7   2   5    余数   5  ↑低位
      16 │ 4   5  余数  13
           16 │ 2  余数   2  │高位
                0
```

转换结果，得到 $(725)_{10} = (2D5)_{16}$。

一个十进制小数转换成等值的八进制数时，可按乘 8 取整的方法进行。

【例 8】 $(0.7875)_{10} = (?)_8$

解

```
        0.7875
     ×      8
     ───────────
        6.3000    整数 6  │高位
        0.3000
     ×      8
     ───────────
        2.4000    整数 2
        0.4000
     ×      8
     ───────────
        3.2000    整数 3  ↓低位
        ......
```

注意，小数转换不一定能算尽，只能算到一定精度的位数为止，故要产生一些误差。不过当位数较多时，这个误差就很小了。因此转换结果，可得 $(0.7875)_{10} \approx (0.623)_8$。

一个十进制小数转换成等值的十六进制小数时，可按乘 16 取整的方法进行，其步骤与转换成八进制小数的过程相类似，不再赘述。

如果一个十进制数既有整数部分又有小数部分，可将整数部分和小数部分分别进行八进制或十六进制数的等值转换，然后合并就可得到结果。

八进制数或十六进制数转换成等值的十进制数时，可按权相加的方法进行。

【例 9】　$(167)_8 = 1\times 8^2 + 6\times 8^1 + 7\times 8^0 = 64+48+7 = (119)_{10}$

　　　　　$(0.42)_8 = 4\times 8^{-1} + 2\times 8^{-2} = 0.5+0.03125 = (0.53125)_{10}$

　　　　　$(1C4)_{16} = 1\times 16^2 + 12\times 16^1 + 4\times 16^0 = 256+192+4 = (452)_{10}$

　　　　　$(0.68)_{16} = 6\times 16^{-1} + 8\times 16^{-2} = 0.375+0.03125 = (0.40625)_{10}$

2. 八进制、十六进制与二进制数的转换

由于数 $2^3 = 8$，$2^4 = 16$，所以 1 位八进制数所能表示的数值恰好相当于 3 位二进制数能表示的数值，而 1 位十六进制数与 4 位二进制数能表示的数值正好相当，因此八进制、十六进制与二进制数之间的转换极为方便。例如：

【例 10】　$(67.731)_8 = (110111.111011001)_2$

　　　　　　$(3AB4)_{16} = (0011101010110100)_2$

反之，从二进制数转换成八进制数时，只要从小数点开始，分别向左右两边把 3 位二进制数码划为一组，最左和最右一组不足 3 位用 0 补充，然后每组用一个八进制数码代替即成。例如：

【例 11】　$(11111101.01001111)_2 = (375.236)_8$

二进制数转换成十六进制数与此类似，只不过是 4 位二进制数码分为一组。例如：

【例 12】　$(1111101.01001111)_2 = (7D.4F)_{16}$

由上可见，用八进制或十六进制书写要比用二进制书写简短，而且八进制或十六进制表示的数据信息很容易转换成二进制表示。这就是普遍使用八进制或十六进制的原因。鉴于如此，当十进制数转换成二进制数时，可采用八进制数或十六进制数作为中间过渡。

1.2.3　二进制编码

数字系统中的信息有两类：一类是数码信息，另一类是代码信息。数码信息的表示方法如前所述，以便在数字系统中进行运算、存储和传输。为了表示字符等一类被处理的信息，也需要用一定位数的二进制数码表示，这个特定的二进制码称为代码。注意，"代码"和"数码"的含义不尽相同，代码是不同信息的代号，不一定有数的含义。一般地一个码字是由若干信息位组成的，每位有 0 和 1 两种代码。n 位代码可以组合成 2^n 个不同的码字，即它们可以代表 2^n 种不同信息。

给 2^n 种信息中的每个信息指定一个具体的码字去代表它，这一指定过程称为编码。由于指定的方法不是唯一的，故对一组信息存在着多种编码方案。

数字系统中常用的编码有两类：一类是二进制编码，另一类是二-十进制编码。

1. 二进制码

在二进制编码中，自然二进制码是最简单的一种。它的结构形式与二进制数完全相同。表 1.1 列出了 4 位自然二进制码，其中每位代码都有固定权值。这种代码称为有权码。自然二进制码是一种有权码，各信息位的权值为 2^i（i 是码元位序，$i=0,1,\cdots,n-1$）。

另一种二进制编码是循环二进制码，简称循环码，其特性是任何相邻的两个码字中，仅有一位代码不同，其他位代码则相同。如表 1.1 所示，7 和 8 是相邻的两个代码，7 的代码是 0100，8 的代码是 1100，仅有最高位代码不同。这种单位距离特性在某些设备中很有用，因此循环码又称单位距离码。循环码的编码方法不是唯一的，4 位循环码就有许多种，表 1.1 中所示的是最基本的一种。

表 1.1　两种 4 位二进制编码

十进制数	自然二进制码	循环二进制码	十进制数	自然二进制码	循环二进制码
0	0000	0000	8	1000	1100
1	0001	0001	9	1001	1101
2	0010	0011	10	1010	1111
3	0011	0010	11	1011	1110
4	0100	0110	12	1100	1010
5	0101	0111	13	1101	1011
6	0110	0101	14	1110	1001
7	0111	0100	15	1111	1000

循环码是无权码，每一位都没有固定的权值。

2. 二-十进制码(BCD 码)

数字系统处理的是二进制数码，人机界面中常用十进制数进行输入和输出。为使数字系统能够传递、处理十进制数，必须把十进制数的各个数码用二进制代码的形式表示出来，这便是用二进制代码对十进制数进行编码，简称 BCD 码。BCD 码具有二进制码的形式(4 位二进制码)，又有十进制数的特点(每 4 位二进制码是 1 位十进制数)。

十进制数共有 10 个数码，需要用 4 位二进制代码来表示。4 位二进制码可以有 16 种组合，而表示十进制数只需要 10 种组合，因此用 4 位二进制码来表示十进制数有多种选取方式。表 1.2 列出了五种常用的 BCD 码与其相应的十进制数，它分为有权码和无权码两大类。

表 1.2　常用 BCD 码

十进制数	有权码			无权码	
	8421 码	5421 码	2421 码	余 3 码	格雷码
0	0000	0000	0000	0011	0000
1	0001	0001	0001	0100	0001
2	0010	0010	0010	0101	0011
3	0011	0011	0011	0110	0010
4	0100	0100	0100	0111	0110
5	0101	1000	1011	1000	1110
6	0110	1001	1100	1001	1010
7	0111	1010	1101	1010	1000
8	1000	1011	1110	1011	1100
9	1001	1100	1111	1100	1101

在采用有权码的一些方案中，用得最普遍的是 8421 码，即 4 个二进制位的位权从高向低分别为 8,4,2,1。其次是 5421 码和 2421 码，5421 码的 4 个二进制位的位权从高到低分别为 5,4,2,1，2421 码可以依此类推。其具体编码值分配如表 1.2 所示。

8421 码的编码值与字符 0 到 9 的 ASCII 码的低 4 位码相同，有利于简化输入输出过程中从字符到 BCD 或从 BCD 到字符的转换操作，是实现人机联系时比较好的中间表示。需要译码时，译码电路也比较简单。

把一个十进制数变成它的 8421 码数串，仅对十进制数的每一位单独进行。例如 1592 变为相应的 8421 码表示，结果为 0001 0101 1001 0010。相反转换过程也类似。例如 0110 1000 0100 0000 变为十进制数，结果应为 6840。

8421 码的主要缺点是实现加法运算的规则比较复杂，当二数相加的和大于 9 时需要对运算结果进行加 6 修正，因为 BCD 码不能出现 1010～1111 这 6 个二进制数。

5421 码的显著特点是最高位连续 5 个 0 后连续 5 个 1。当计数器采用这种编码时，最高位可产生对称方波输出。

2421 码有个重要的特点即自补码，它就是对 9 的补码，其中 0-4 的 2421 码和 8421 码相同，各位取反后正好为该数对 9 的补码。

采用无权码的方案中，用得比较多的是余 3 码和格雷码。

余 3 码是在 8421 码的基础上，把每个代码都加 0011 码而形成的。它的主要优点是执行十进制数相加时，能正确地产生进位信号，而且还给减法运算带来了方便。

格雷码的编码规则，是使任何两个相邻的代码只有 1 个二进制位的状态不同，其余 3 个二进制位必须有相同状态。这种编码方法的好处是，从某一编码变到下一个相邻编码时，只有一位的状态发生变化，有利于得到更好的译码波形。格雷码是一种循环码。

1.3 逻辑函数及其描述工具

1.3.1 逻辑函数的基本概念

从数学观点来讲，研究函数 $y=5x^2+3x$ 时，我们对变量表示什么物理量并不感兴趣。

同样，在研究逻辑函数 $F=f(A, B)$ 时，我们可以赋给逻辑变量 A 和 B 以两个取值(二元常量 1 或 0)中的一个，而这些逻辑变量表示什么并不重要。

数字电路是一种开关电路。开关的两种状态——"开通"与"关断"，常用晶体管的"导通"与"截止"来实现，并用二元常量 0 和 1 来表示。另一方面，数字电路的输入、输出量，一般用高、低电平来体现，高低电平又可用二元常量来表示。因此，就整体而言，数字电路的输入量和输出量之间的关系是一种因果关系，它可以用逻辑函数来描述。因此，数字电路又称逻辑电路。

设输入逻辑变量为 $A_1, A_2, \cdots, A_n$，输出逻辑变量为 F，当 $A_1, A_2, \cdots, A_n$ 的取值确定后，F 的值就被唯一地确定下来，则称 F 为 $A_1, A_2, \cdots, A_n$ 的逻辑函数，记为

$$F=f(A_1, A_2, \cdots, A_n) \tag{1.7}$$

逻辑变量和逻辑函数的取值只可能是 0 或 1，没有其他中间值。

1.3.2 逻辑函数的描述工具

逻辑函数的描述工具有许多种。常用的方法有以下六种：

1. 布尔代数法

研究逻辑函数的一种数学工具称为布尔代数，它最早是由英国数学家布尔于 1850 年提出来的。但我们现在普遍使用的、适合于数字系统的布尔代数，是美国贝尔实验室香农于 1938 年提出的，它为分析、设计数字逻辑电路提供了坚强的理论基础。本书中我们仍采用布尔代数这一术语，不过它是指香农改进的布尔代数，不是原始的布尔代数。

布尔代数是按一定逻辑规律进行运算的代数。虽然它和普通代数一样也用字母表示变量，但是在两种代数中变量的含义完全不同。普通代数中的变量一般是连续量，而布尔代数中的变量称为逻辑变量，只有两种取值，即 0 和 1。0 和 1 并不表示数量的大小，而是表示两种对立的逻辑状态。

2. 真值表法

真值表是一种用表格形式表示逻辑函数的方法，它是由逻辑输入变量数 n 的所有可能取值组合(2^n 种)及其对应的逻辑函数输出值所构成的表格，输入逻辑变量和输出逻辑值均用二进制代码表示。例如变量数 $n=2$ 时，输入有 4 种组合；变量数 $n=4$ 时，输入有 16 种组合。真值表法的优点是结构简单，直观明了，不足处是输入变量数不能太多，一般 n 不大于 4。

3. 逻辑图法

逻辑图是用标准化的图形符号来表示逻辑函数运算关系的组合型网络图形，用以表示逻辑函数所实现的功能。逻辑图是一种强有力的图形语言描述工具，在工程设计和分析中得到了广泛的应用。

4. 卡诺图法

卡诺图是一种方格式几何图形，用来表示逻辑函数输入变量与输出变量对应值之间的关系。卡诺图主要用来简化逻辑函数表达式，并将逻辑表达式化为最简化形式的有用工具。卡诺图的缺点是输入逻辑变量数受到限制，5 变量以上的卡诺图变得很复杂，很少使用。

5. 波形图法

波形图是用逻辑电平的高、低变化来动态地表示逻辑变量值输入/输出变化的图形。它是一种动态图形语言，非常直观，是描述逻辑函数的强有力工具，在数字系统分析和测试中经常使用。

6. 硬件描述语言法

硬件描述语言是采用高级语言来表示逻辑函数输入与输出关系的描述工具，是伴随可编程数字逻辑器件的发明而诞生的一种革命性方法。通俗地讲，这种方法就是采用软件方法来设计数字硬件。目前常用的硬件描述语言有 AHDL、VHDL、Verilog 等多种，可根据实际情况选用。

逻辑函数的上述六种表示方法各有特点，相互关联，可按需选用，或组合应用。本书中我们将陆续介绍这些工具，并应用这些工具。

1.3.3　基本逻辑运算

在逻辑函数中，与、或、非运算是三种最基本的逻辑运算。在此基础上，三种运算可以进一步组合，形成更为复杂的逻辑运算关系。表 1.3 列出了几种基本的逻辑运算。其中，后面四种逻辑运算是与、或、非三种运算的组合形式。

表 1.3　基本的逻辑运算

表示方法 / 逻辑运算	逻辑图符	布尔代数（上）VHDL（下）	真 值 表		
			A	B	F
与		$F=A \cdot B$ $F<=A \text{ and } B$	0	0	0
			0	1	0
			1	0	0
			1	1	1
或		$F=A+B$ $F<=A \text{ or } B$	0	0	0
			0	1	1
			1	0	1
			1	1	1
非		$F=\overline{A}$ $F<=\text{not } A$	0		1
			1		0
与非		$F=\overline{A \cdot B}$ $F<=\text{not}(A \text{ and } B)$	0	0	1
			0	1	1
			1	0	1
			1	1	0
或非		$F=\overline{A+B}$ $F<=\text{not}(A \text{ or } B)$	0	0	1
			0	1	0
			1	0	0
			1	1	0
异或		$F=A \oplus B$ $F<=A \text{ xor } B$	0	0	0
			0	1	1
			1	0	1
			1	1	0
同或		$F=A \odot B$ $F<=A \text{ xnor } B$	0	0	1
			0	1	0
			1	0	0
			1	1	1

1. 与运算

假设甲乙二人同住一个房间，房门上并挂两把锁，两人约定同时打开各自一把锁时，他们才能进入房间。显然，甲乙二人单独想进房间时，由于另一把锁未打开，而无法进入房间。只有二人同时打开自己的锁时，房门才能打开。这是生活中进行逻辑与运算的一个例子。

与运算的逻辑关系是：只有逻辑变量 A 和 B 同时为 1 时，逻辑函数的输出才为 1。用布尔代数表达式来描述，可写为

$$F=A \cdot B=AB \tag{1.8}$$

式中，小圆点"·"表示逻辑变量 A 和 B 的与运算，又称逻辑乘。书写时小圆点常常省去。

用硬件描述语言 VHDL 表示与运算时，只将布尔代数表达式中的符号小圆点换成专用字母 and 即可，并使用赋值语句符号 <=，即

$$F<=A \text{ and } B \tag{1.9}$$

工程应用中，与运算采用逻辑与门电路来实现，因此与运算的逻辑图符即采用逻辑与门符号。

表 1.3 中右边两列表示了与运算的逻辑真值表。对 A，B 两个逻辑变量而言，输入有 2^2=4 种(00，01，10，11)组合，故真值表中与运算的逻辑函数输出 F 也有四种情况。

图 1.8 是与运算的波形图。当输入变量 A 和 B 同时为高电平(逻辑 1)时输出 F 才为高电平，因此只有在 t_1，t_3 时刻输出 F 为高电平。

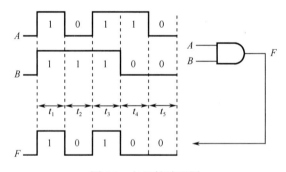

图 1.8　与运算波形图

与运算可以推广到任意多变量的情况。例如对三变量 A，B，C 而言，与运算的布尔代数表达式、VHDL 表达式分别为

$$F=A \cdot B \cdot C=ABC \tag{1.10}$$

$$F<=A \text{ and } B \text{ and } C \tag{1.11}$$

其逻辑图符如图 1.9 所示。显然，当输入变量 A，B，C 同时为逻辑 1 时，逻辑函数 F 的运算输出才为逻辑 1。

三变量与运算的真值表如表 1.4 所示。三变量有 2^3=8 种二进制代码组合(000～111)。只有最后一种组合(111)情况的逻辑函数 F 的输出结果为 1。

2. 或 运 算

前述例子中，假设甲乙二人在房门上共用一把锁，且各自带一把钥匙。那么任何时候，甲乙二人无论谁均可以单独进入房间，而不必等待另一人。这是生活中进行逻辑或运算的一个例子。

表 1.4　三变量与运算真值表

输　　入			输　　出
A	B	C	F
0	0	0	0
0	0	1	0
0	1	0	0
0	1	1	0
1	0	0	0
1	0	1	0
1	1	0	0
1	1	1	1

图 1.9　三输入与门

或运算的逻辑关系是：逻辑变量 A 或 B 任一为 1 时，逻辑函数的输出即为 1。用布尔代数表达式来描述，可写为

$$F = A+B \tag{1.12}$$

式中，"+"表示变量 A 和 B 的或运算，又称逻辑加。

用硬件描述语言 VHDL 表示或运算时，只将布尔代数表达式中的符号+换成专用字母 or 即可，并使用赋值语句符号，即

$$F <= A \text{ or } B \tag{1.13}$$

工程应用中，或运算用逻辑或门电路来实现。因此，或运算的逻辑图符采用逻辑或门符号。

或运算的逻辑真值表列于表 1.3 中的右边两列。对 A，B 两个变量而言，输入也是 $2^2=4$ 种组合（00，01，10，11），故真值表的输出也有 4 种情况。但或运算结果值和与运算结果值不同。

或运算的波形图如图 1.10 所示。只要有一个输入为高，则输出 F 必为高。

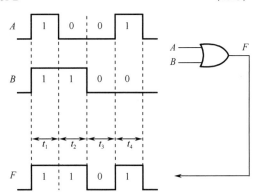

图 1.10　或运算波形图

或运算也可推广到任意多变量的情况。例如对三变量 A，B，C 而言，或运算的布尔代数表达式、VHDL 表达式分别为

$$F = A+B+C \tag{1.14}$$

$$F <= A \text{ or } B \text{ or } C \tag{1.15}$$

其逻辑图符如图 1.11 所示。显然，当输入变量 A，B，C 中任一为逻辑 1 时，逻辑函数 F 的运算输出即为逻辑 1。

三变量或运算的真值表读者依据表达式(1.14)自行导出，不再赘述。

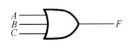

图 1.11　三输入或门

3. 非运算

非运算是指某一逻辑函数的运算结果是逻辑变量的相反状态。当输入为 0 时输出为 1，当输入为 1 时输出为 0。用布尔代数表达式来描述，可写为

$$F = \overline{A} \tag{1.16}$$

式中，逻辑变量 A 上方的短线"—"表示非运算。

用 VHDL 表示非运算时，逻辑表达式写为

$$F <= \text{not } A \tag{1.17}$$

在逻辑图符中，用小圆圈"∘"表示非运算。工程应用中，非运算用非门(反相器)电路来实现。

非运算的真值表非常简单，如表 1.3 所示。它只有两种组合，且输入变量 A 与逻辑函数 F 的输出总是处于相反的逻辑状态。图 1.12 表示非运算的波形图。

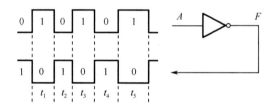

图 1.12　非运算波形图

4. 与非运算、或非运算

与非运算是与运算和非运算(先与后非)的组合，而或非运算是或运算和非运算的组合(先或后非)，它们的数学概念是不言自明的。相应地，在工程应用中与非运算用与非门电路来实现，或非运算用或非门电路来实现。

与非运算、或非运算的布尔代数式和 VHDL 表达式如下：

$$F = \overline{A \cdot B} \qquad\qquad F <= \text{not}\,(A \text{ and } B) \tag{1.18}$$

$$F = \overline{A + B} \qquad\qquad F <= \text{not}\,(A \text{ or } B) \tag{1.19}$$

5. 异或运算、同或运算

异或运算的布尔代数表达式可写为

$$F = A \oplus B = \overline{A}B + A\overline{B} \tag{1.20}$$

式中，符号"⊕"表示逻辑的异或运算，它表示 AB 两个变量不同时 F 为 1。

VHDL 语言表达式写为

$$F <= A \text{ xor } B \tag{1.21}$$

异或运算是非、与、或三种运算的组合，其真值表见表 1.3 所示。异或运算的规则是：变量 A 和 B 按二进制数加法法则进行按位加，不考虑进位，即 0+0=0，0+1=1，1+0=1，1+1=0。异或运算常用来设计二进制加法器。

工程应用中异或运算用异或门电路来实现，其逻辑图符如表 1.3 所示。

有时采用同或(异或非)运算，其布尔代数表达式为

$$F = A \odot B = \overline{A \oplus B} = AB + \overline{A}\,\overline{B} \tag{1.22}$$

式中，符号⊙表示逻辑的同或运算，它表示 AB 两个变量相同时 F 为 1。

VHDL 语言表达式写为

$$F<=A \text{ xnor } B \tag{1.23}$$

异或运算、同或运算的波形图如图 1.13 所示。

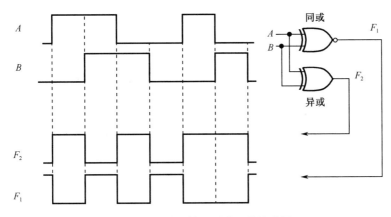

图 1.13　异或运算、同或运算波形图

6. 与或非运算

以四变量为例，与或非运算的布尔代数表达式和 VHDL 语言表达式可写为

$$F = \overline{AB + CD} \tag{1.24}$$

$$F<=\text{not}(A \text{ and } B \text{ or } C \text{ and } D) \tag{1.25}$$

式中，A, B, C, D 为四个输入逻辑变量，它们实现先与后或再非的逻辑运算关系，是与、或、非三种运算的组合。只有当输入变量 $AB=1$ 或 $CD=1$ 时，函数 $F=0$，在其他情况下函数 $F=1$。四个变量有 16 种组合，读者可自行列出真值表进行验证。

在工程应用中，与或非运算由与或非门电路来实现。

1.3.4　正逻辑、负逻辑、三态门

各种逻辑运算最终是通过相应的逻辑门电路来实现的，即通过门电路输入和输出的高低电平来表示逻辑变量值。

如果把门电路的输入、输出电压的高电平赋值为逻辑"1"，低电平赋值为逻辑"0"，这种关系称为正逻辑关系。反之，称为负逻辑关系。表 1.5 列出了正、负逻辑定义下对应的门电路类型，例如正逻辑下的与门对应负逻辑下的或门。读者可用真值表进行验证。

工程应用中采用正逻辑还是负逻辑取决于国家标准。通常人们习惯于正逻辑，本书中也采用正逻辑。

另一个重要的概念是三态门，它是目前广泛使用的器件之一。如图 1.14 所示，它的输出有逻辑 1、逻辑 0、高阻抗三种状态。使能端有效时（逻辑 1）输出状态取决于输入状态；使能端无效时（逻辑 0）输出端呈现高阻抗状态，意味着输出与后面连接的电路断开。

三态缓存用于当输入为两个或多个信号需要共享一条叫作总线的线路的情况中。图 1.15 展示了三态缓存到 1 位总线的连接。每次一个使能信号 e1、e2 或者 e3 可以使得对

应的信号a、b或c放到总线上。其他禁用的三态缓存将输出高阻抗,这样可以使其与总线隔离。

表 1.5　正、负逻辑对应的门电路

正 逻 辑	负 逻 辑
或门(OR)	与门
与门(AND)	或门
与非门(NAND)	或非门
或非门(NOR)	与非门
异或门(XOR)	同或门
同或门(XNOR)	异或门

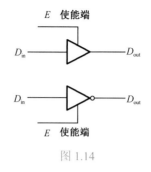

图 1.14

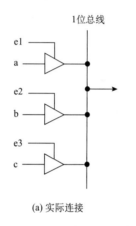

(a) 实际连接

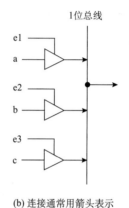

(b) 连接通常用箭头表示

图 1.15　共享 1 位总线的三态缓存

1.4　布 尔 代 数

1.4.1　布尔代数的基本定律

根据逻辑与、或、非三种最基本的运算法则,可导出布尔代数运算的一些基本定律和公式,如表 1.6 所示。这些基本定律在实际逻辑电路分析和设计中非常有用,需要读者熟记。

表 1.6 中所列的定律可以通过检验表达式两边的真值表来证明。

需要注意的是,上述基本公式只反映逻辑关系,而不是数量之间的关系,因此,初等代数中的移项规则不能使用。

表 1.6　布尔代数定律

基本定律	$A+0=A$	$A \cdot 0=0$	$\overline{\overline{A}} = A$
	$A+1=1$	$A \cdot 1=A$	
	$A+A=A$	$A \cdot A=A$	
	$A+ \overline{A}=1$	$A \cdot \overline{A}=0$	
结合律	$(A+B)+C=A+(B+C)$		$(AB)C=A(BC)$
交换律	$A+B=B+A$		$AB=BA$

续表

分配律	$A(B+C)=AB+AC$	$A+BC=(A+B)(A+C)$
德摩根定律	$\overline{A \cdot B \cdot C \cdots} = \overline{A}+\overline{B}+\overline{C}+\cdots$	$\overline{A+B+C+\cdots} = \overline{A} \cdot \overline{B} \cdot \overline{C} \cdots$
吸收律	$A+A \cdot B=A$ $A \cdot (A+B)=A$ $A+\overline{A} \cdot B = A+B$ $(A+B) \cdot (A+C)=A+BC$	

1.4.2　布尔代数运算的基本规则

使用布尔代数时，可根据下面的规则从表 1.6 中得到更多的公式，从而扩充基本定律的使用范围。

1. 代入规则

任何一个含有变量 A 的等式，如果将所有出现 A 的位置都代之以一个逻辑函数，则等式仍成立。这个规则称为代入规则。因为任何一个逻辑函数，也和任何一个逻辑变量一样，只取二元常量 0 和 1，所以代入规则是正确的。

例如，在 $B(A+C)=BA+BC$ 中，将所有出现 A 的地方都代入函数 $A+D$，则等式仍成立，即

$$B[(A+D)+C]=B(A+D)+BC=BA+BD+BC$$

2. 反演规则

根据德摩根定律，求一个逻辑函数 F 的非函数 $\overline{F}$ 时，可将 F 中的与（·）换成或（+），或（+）换成与（·）；再将原变量换成非变量（如 B 换成 $\overline{B}$），非变量换成原变量；并将 1 换成 0，0 换成 1，那么所得的逻辑函数式就是 $\overline{F}$。这个规则称为反演规则。

利用反演规则，可以容易地求出一个函数的非函数。但是要注意变换时要保持原式中先与后或的顺序，否则容易出错。例如求 $F = \overline{A}B + CD$ 的非函数时，按上述法则，可得 $\overline{F} = (A + \overline{B}) \cdot (\overline{C} + \overline{D})$，而不能写成 $\overline{F} = A + \overline{B} \cdot \overline{C} + \overline{D}$。

3. 对偶规则

F 是一个逻辑函数表达式，如果把 F 中的与（·）换成或（+），或（+）换成与（·）；1 换成 0，0 换成 1，那么得到一个新的逻辑函数式，称为 F 的对偶式，记作 F'。例如 $F = (A + \overline{B})(A + C)$，则 $F' = A \cdot \overline{B} + AC$。变换时仍需注意保持原式中先与后或的顺序。

所谓对偶规则，是指当某个逻辑恒等式成立时，则其对偶式也成立。例如，吸收律 $A + \overline{A}B = A + B$ 成立，则它的对偶式 $A(\overline{A} + B) = AB$ 也是成立的。利用对偶规则，可从已知公式中得到更多的运算公式。

1.4.3　用布尔代数简化逻辑函数

根据逻辑函数表达式，可以画出相应的逻辑图。然而，根据某种逻辑要求归纳出来的逻辑函数表达式往往不是最简式，这就需要利用布尔代数工具对逻辑函数表达式进行简化。利用简化后的逻辑函数表达式构成逻辑电路时，可以节省器件，降低成本，提高数字系统的可靠性。

同一个逻辑函数可以有多种不同的逻辑函数表达。由于与或表达式是比较常见的，同时与或表达式容易和其他形式的表达式相互转换，所以此处所指的简化，是指要求化为最简的与或表达式，即要求乘积项的数目是最少的，且满足乘积项最少的条件下，要求每个乘积项中变量的个数也最少。

利用布尔代数的基本定律和恒等式进行简化，常用下列方法：

并项法　利用 $A + \bar{A} = 1$ 的公式，将两项合并为一项，并消去一个变量。如

$$\bar{A}BC + \bar{A}B\bar{C} = \bar{A}B(C + \bar{C}) = \bar{A}B$$

吸收法　利用 $A + AB = A$ 的公式，消去多余的项。如

$$\bar{A}B + \bar{A}BCD(E + F) = \bar{A}B$$

消去法　利用 $A + \bar{A}B = A + B$ 的公式，消去多余的因子。如

$$AB + \bar{A}C + \bar{B}C = AB + (\bar{A} + \bar{B})C = AB + \overline{AB}C = AB + C$$

配项法　利用 $A = A(B + \bar{B})$，将它作配项用，然后消去更多的项。如 $F = AB + \bar{A}\bar{C} + B\bar{C}$，在第三项配以因子 $A + \bar{A}$，则有

$$F = AB + \bar{A}\bar{C} + (A + \bar{A})B\bar{C} = AB + \bar{A}\bar{C} + AB\bar{C} + \bar{A}B\bar{C}$$
$$= (AB + AB\bar{C}) + (\bar{A}\bar{C} + \bar{A}B\bar{C}) = AB + \bar{A}\bar{C}$$

【例13】　设逻辑函数表达式为

$$F = \overline{AB + \bar{C}} + A\bar{C} + B$$

要求：（1）画出原始逻辑表达式的逻辑图；

（2）用布尔代数简化逻辑表达式；

（3）用 VHDL 语言描述简化逻辑表达式；

（4）画出简化逻辑表达式的逻辑图。

解　（1）原始表达式的逻辑图示于图 1.16(a)。

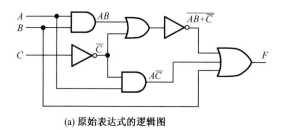 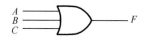

(a) 原始表达式的逻辑图　　　　　　　　　　(b) 简化表达式的逻辑图

图 1.16　例 12 的逻辑图

（2）简化过程步骤如下：

$$F = \overline{AB + \bar{C}} + A\bar{C} + B$$
$$= (\bar{A} + \bar{B})C + A\bar{C} + B \quad (\text{德摩根定律})$$
$$= \bar{A}C + \bar{B}C + A\bar{C} + B \quad (\text{分配律})$$
$$= B + \bar{B}C + \bar{A}C + A\bar{C} \quad (\text{交换律})$$
$$= B + C + \bar{C}A + \bar{A}C \quad (B + \bar{B}C = B + C)$$

$$= B + C + A + \overline{A}C \quad (C + \overline{C}A = C + A)$$
$$= B + C + A + C \quad (A + \overline{A}C = A + C)$$
$$= A + B + C \quad (C + C = C)$$

(3) VHDL 语言描述简化逻辑表达式如下：

$$F <= A \text{ or } B \text{ or } C$$

(4) 简化逻辑表达式的逻辑图画于图 1.15(b)中，只用了 1 个三输入或门，省去 2 个非门，2 个与门，1 个或门，信号传输延迟时间大大减少。

【例 14】　已知逻辑函数表达式为

$$F = AB\overline{C} + \overline{A}BC + A\overline{B}\overline{C} + \overline{A}\overline{C}$$

要求：(1) 简化表达式；

(2) 用 VHDL 语言描述简化表达式；

(3) 仅用与非门画出简化表达式的逻辑图。

解　(1) 简化过程如下：

$$F = AB\overline{C} + \overline{A}BC + A\overline{B}\overline{C} + \overline{A}\overline{C}$$
$$= A\overline{C}(B + \overline{B}) + \overline{A}(\overline{C} + CB) \quad (结合律)$$
$$= A\overline{C}(1) + \overline{A}(\overline{C} + B) \quad (B + \overline{B} = 1)$$
$$= A\overline{C} + \overline{A}\overline{C} + \overline{A}B \quad (分配律)$$
$$= \overline{C}(A + \overline{A}) + \overline{A}B \quad (结合律)$$
$$= \overline{C} + \overline{A}B \quad (A + \overline{A} = 1)$$

(2) VHDL 语言描述简化表达式如下：

$$F <= \text{not } C \text{ or } (\text{not } A \text{ and } B)$$

(3) 简化表达式的逻辑图如图 1.17(a)所示。但题目要求仅采用与非门，故需将图中的非门、与门、或门全部改为与非门。为此需将简化后的逻辑表达式变换成使用与非门的形式，在此基础上画出逻辑图，如图 1.17(b)所示。

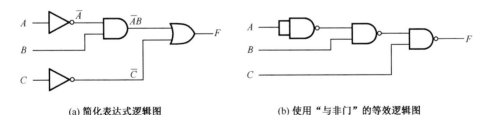

(a) 简化表达式逻辑图　　　　　(b) 使用"与非门"的等效逻辑图

图 1.17　例 14 的逻辑图

【例 15】　设计一个逻辑电路，当三个输入 A, B, C 中至少有两个为低时，该电路则输出为高。要求：

(1) 建立真值表；

(2) 从真值表写出布尔表达式；

(3) 如果可能，简化表达式；

(4) 画出逻辑电路图。

解 (1)由于有三个变量，真值表有 8 种输入组合。我们感兴趣的输入变量的组合(至少两个输入量为低)，并写出相应的布尔项。每个布尔项是三变量的积并称它为最小项。真值表及所选择的最小项如表 1.7 所示。

(2)根据真值表，可写出布尔表达式，它是最小项的和，即与或表达形式为

$$F = \overline{A}\,\overline{B}\,\overline{C} + \overline{A}\,\overline{B}C + \overline{A}B\overline{C} + A\overline{B}\,\overline{C}$$

(3)表达式可进一步简化，其过程为

$$F = \overline{A}\,\overline{B}\,\overline{C} + \overline{A}\,\overline{B}C + A\overline{B}\,\overline{C} + \overline{A}B\overline{C}$$
$$= \overline{A}\,\overline{B}(\overline{C} + C) + A\overline{B}\,\overline{C} + \overline{A}B\overline{C}$$
$$= \overline{A}\,\overline{B} \cdot 1 + A\overline{B}\,\overline{C} + \overline{A}B\overline{C}$$
$$= \overline{B}(\overline{A} + A\overline{C}) + \overline{A}B\overline{C}$$
$$= \overline{B}(\overline{A} + \overline{C}) + \overline{A}B\overline{C}$$
$$= \overline{B}\,\overline{A} + \overline{B}\,\overline{C} + \overline{A}B\overline{C}$$
$$= \overline{A}\,\overline{B} + \overline{C}(\overline{B} + B\overline{A})$$
$$= \overline{A}\,\overline{B} + \overline{C}(\overline{B} + \overline{A})$$
$$= \overline{A}\,\overline{B} + \overline{A}\,\overline{C} + \overline{B}\,\overline{C}$$

(4)对应简化表达式的逻辑电路图如图 1.18 所示。

表 1.7　真值表与选择的最小项

A	B	C	F	选择的最小项
0	0	0	1	$\overline{A}\,\overline{B}\,\overline{C}$
0	0	1	1	$\overline{A}\,\overline{B}C$
0	1	0	1	$\overline{A}B\overline{C}$
0	1	1	0	
1	0	0	1	$A\overline{B}\,\overline{C}$
1	0	1	0	
1	1	0	0	
1	1	1	0	

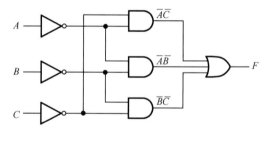

图 1.18　例 15 的简化表达式逻辑图

1.5　卡　诺　图

利用布尔代数法可使逻辑函数变成较简单的形式，但使用这种方法要求熟练掌握布尔代数的基本定律，而且需要一些技巧，特别是经代数化简后得到的逻辑表达式是否为最简式很难判断。本节介绍的卡诺图法可以较简便地得到最简逻辑表达式。

1.5.1　卡诺图的结构与特点

1. 逻辑函数的最小项表达式

一个逻辑函数，如果有 n 个变量，则有 2^n 个最小项。例如，3 个变量 A, B, C，最小项有 $2^3=8$ 个，即 $\overline{A}\,\overline{B}\,\overline{C}$，$\overline{A}\,\overline{B}C$，$\overline{A}B\overline{C}$，$\overline{A}BC$，$A\overline{B}\,\overline{C}$，$A\overline{B}C$，$AB\overline{C}$，$ABC$。这 8 个乘积项的特点是：① 每项都有三个因子；② 每个变量都是它的一个因子；③ 每一变量或以原变量(A，

B, C)形式出现，或以非变量($\overline{A}, \overline{B}, \overline{C}$)形式出现；④ 每个乘积项的组合仅出现一次，且取值为 1。

上述的最小项可以编号。例如，$\overline{A}\overline{B}\overline{C}$ 与二进制数 000 相对应。因此，对应的十进制数最小项代表符号设为 m_0。同理，$\overline{A}\overline{B}C$ (001)，$\overline{A}B\overline{C}$ (010)，$\overline{A}BC$ (011)，…, ABC(111)，分别记为 m_1, m_2, m_3, …, m_7。

任何一个逻辑函数可以化成一种典型的表达式，这种典型的表达式是一组最小项之和，称为最小项表达式。

例如，逻辑函数 $F = AB + \overline{A}C$，其中有三个变量 A, B, C，因此它不是最小项表达式。

利用 $A + \overline{A} = 1$ 的运算定律，可将上述逻辑函数中的每一项都化成包含所有变量 A, B, C 的项，即

$$
\begin{aligned}
F &= AB + \overline{A}C = AB(C + \overline{C}) + \overline{A}C(B + \overline{B}) \\
&= ABC + AB\overline{C} + \overline{A}BC + \overline{A}\overline{B}C
\end{aligned}
$$

此式由四个最小项构成，它是一组最小项之和，因此是一个最小项表达式。

如采用十进制数最小项代表符号 m_7, m_6, m_3, m_1，可写为

$$F(A, B, C) = m_1 + m_3 + m_6 + m_7$$

书写中，常用十进制下标编号来代表最小项，故上式又可写为

$$F(A, B, C) = \sum m\ (1,3,6,7)$$

任何一个逻辑函数也可用最大项之积来表示，其逻辑表达式采用先或后与的形式。由于和目前大量应用的可编程逻辑器件不相适应，本书中不做介绍。

2. 卡诺图的结构

卡诺图是美国工程师 Karnaugh 于 20 世纪 50 年代提出的。利用它可以表示和简化逻辑函数。一个逻辑函数的卡诺图，就是将此函数的最小项表达式中的各最小项填入相应的特定方格图内，这样的方格图就称为卡诺图。所以卡诺图是逻辑函数的一种图形表示。

三变量卡诺图和四变量卡诺图的组成分别示于图 1.19(a)和(b)中。方格中的编号为十进制数最小项代表符号；而方格外面的二进制代码表示变量的组合状态。例如三变量卡诺图中：$m_3 = \overline{A}BC$，$m_5 = A\overline{B}C$；四变量卡诺图中：$m_6 = \overline{A}BC\overline{D}$，$m_{13} = AB\overline{C}D$。

AB \ C	0	1
00	$\overline{A}\overline{B}\overline{C}$ m_0	$\overline{A}\overline{B}C$ m_1
01	$\overline{A}B\overline{C}$ m_2	$\overline{A}BC$ m_3
11	$AB\overline{C}$ m_6	ABC m_7
10	$A\overline{B}\overline{C}$ m_4	$A\overline{B}C$ m_5

(a) 三变量卡诺图

AB \ CD	00	01	11	10
00	$\overline{A}\overline{B}\overline{C}\overline{D}$ m_0	$\overline{A}\overline{B}\overline{C}D$ m_1	$\overline{A}\overline{B}CD$ m_3	$\overline{A}\overline{B}C\overline{D}$ m_2
01	$\overline{A}B\overline{C}\overline{D}$ m_4	$\overline{A}B\overline{C}D$ m_5	$\overline{A}BCD$ m_7	$\overline{A}BC\overline{D}$ m_6
11	$AB\overline{C}\overline{D}$ m_{12}	$AB\overline{C}D$ m_{13}	$ABCD$ m_{15}	$ABC\overline{D}$ m_{14}
10	$A\overline{B}\overline{C}\overline{D}$ m_8	$A\overline{B}\overline{C}D$ m_9	$A\overline{B}CD$ m_{11}	$A\overline{B}C\overline{D}$ m_{10}

(b) 四变量卡诺图

图 1.19　卡诺图的结构

应当指出，把变量分配给卡诺图的行和列的方法是随意的，把数字有效位分配给逻辑变量的方法也是随意的。例如，图 1.19(b) 中分配给变量 A 的数位是最高有效位，分配给变量 B 的数位是次高位，等等。这样，最小项 $A\overline{B}\overline{C}\overline{D}$ 指定为二进制数 1000，它即是最小项 m_8。但是必须强调，一旦采用了某种分配关系的卡诺图后，必须自始至终遵守这种分配和联系。

五变量的卡诺图有 $2^5=32$ 个方格，由于图形较复杂，所以不常使用。

3. 卡诺图上的有用组合

1) 二方格相邻组合

适用于卡诺图上两个相邻方格组合的基本法则是：任何一对相邻最小项可以组合为比原最小项本身少一个变量的单项。这就是说，从一对相邻最小项的任意一个最小项开始，去掉一个在项中为非变量而在另一项中为原变量的那个变量，就会导出这个组合项。

现在考虑怎样用图 1.20 的表示法读出图中的 m_8。我们发现，m_8 在括号 A 包围的列中，因此，变量 A 应表示为原变量；但是，m_8 却在括号 B 包围的列之外，因此变量 B 应表示为非变量；同样，m_8 在括号 C 和 D 包围的行之外，因此 C，D 均应表示为非变量。于是，$m_8=A\overline{B}\overline{C}\overline{D}$。用同样的方法，可读得 $m_{12}=AB\overline{C}\overline{D}$。

现在再来读 m_8 和 m_{12} 这对几何相邻项。这两个最小项都被 A 包围，因此 A 表示为原变量；这两个最小项既不被 C 包围又不被 D 包围，因此 C，D 均应表示为非变量；一个最小项(m_{12})在 B 包围的区域里，而另一个最小项(m_8)在 B 包围的区域之外，因此消除了 B。于是 $m_{12}+m_8=A\overline{C}\overline{D}$。因此可以说，几何相邻的两个最小项也是逻辑相邻的，即两个最小项只有一个变量不同。

AB \ CD	00	01	11	10
00	0	1	3 1	2 1
01	4	5	7	6
11	12 1	13	15	14
10	8 1	9	11	10 1

图 1.20　2 方格的相邻组合

还有一种情况，有些方格在几何上是不相邻的，但是在逻辑上是相邻的。容易验证，最左列的方格与在同一行里的最右列的方格逻辑上是相邻的，如图 1.20 中 m_0 与 m_8 是相邻的，m_1 与 m_9 是相邻的，等等。同样，最上行的方格与同在同一列里的最下行的方格是逻辑相邻的，如 m_0 与 m_2 是相邻的，m_4 与 m_6 是相邻的，等等。如果，将卡诺图围在一个垂直的圆柱体周围，可以看到，原来的最左列和最右列在几何上和逻辑上都是相邻的；若将卡诺图围在一个水平的圆柱体周围，可以看到，原来的最上行和最下行，在几何上和逻辑上也是相邻的。

对图 1.20 所示的卡诺图，按闭合圈所画的情况可以组合几何上相邻的对，即有

$$
\begin{aligned}
m_8+m_{12}&=A\overline{C}\overline{D}\\
m_2+m_3&=\overline{A}\overline{B}C\\
m_2+m_{10}&=\overline{B}C\overline{D}
\end{aligned}
\tag{1.26}
$$

在这种情况下，该卡诺图定义的逻辑函数是上述三表达式的“或”，即

$$
F(A,B,C,D)=\sum m(2,3,8,10,12)=A\overline{C}\overline{D}+\overline{A}\overline{B}C+\overline{B}C\overline{D} \tag{1.27}
$$

前面的组合式(1.26)中我们也可以不用 m_2，而采用 m_8 与 m_{10} 组合，即有

$$
m_8+m_{10}=A\overline{B}\overline{D}
$$

在这种情况下，该卡诺图定义的逻辑函数是

$$F(A,B,C,D) = \sum m(2,3,8,10,12) = A\overline{C}\overline{D} + \overline{A}\,\overline{B}C + A\overline{B}\overline{D} \qquad (1.28)$$

虽然式(1.27)与式(1.28)形式上看是不同的，但它们在逻辑上是等价的。如果分别列出这两个式子的真值表，这两个真值表是相同的。从硬件的观点看，两种情况下都需要 1 个三输入或门和 3 个三输入与门。

应当指出，在得到式(1.27)和式(1.28)时，都有一个最小项使用了两次。式(1.27)中，m_2 使用了两次，m_2 既与 m_3 组合，又与 m_{10} 组合。式(1.28)中，m_8 使用了两次。这种重复使用最小项的情况是允许的。

2) 较大的组合

已经知道，卡诺图上两个相邻的方格，可以组合成消去一个变量的单项。同理，当 $2^2 = 4$ 个方格相邻时，可以组合成消去 2 个变量的单项。当 $2^3 = 8$ 个方格相邻时，可以组合成消去 3 个变量的单项。

典型的 4 方格组合如图 1.21 所示。读图 1.21(a)时，由于 4 个 1 全在 $A=0$ 的列中；而其中一列 $B=0$，在另一列 $B=1$，因此消除变量 B；相似地，消除变量 C；两行中都是 $D=1$。因此

$$F(A,B,C,D) = \sum m(1,3,5,7) = \overline{A}D$$

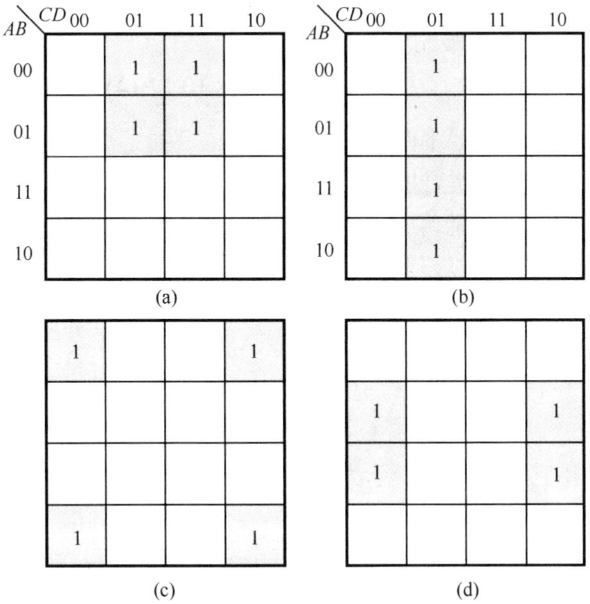

图 1.21　4 方格的相邻组合

读图 1.21(b)时，由于所有 4 个 1 在相应于 $C=0$ 和 $D=1$ 的行中；然而这些 1 也在相应于 $A=0, A=1, B=0, B=1$ 的列中，故变量 A，B 消去，即

$$F(A,B,C,D) = \sum m(1,5,9,13) = \overline{C}D$$

读图 1.21(c)时，由于 4 个角是相邻的，故得

$$F(A,B,C,D)=\sum m(0,2,8,10)=\overline{B}\overline{D}$$

读图 1.21(d)时，得

$$F(A,B,C,D)=\sum m(4,6,12,14)=B\overline{D}$$

典型的 8 方格相邻组合如图 1.22 所示。图 1.22(a)中，这 8 个 1 均在变量 A 的区域外，所以，读得

$$F(A,B,C,D)=\sum(0,1,2,3,4,5,6,7)=\overline{A}$$

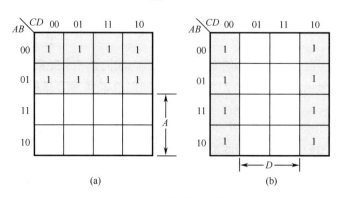

图 1.22 8 方格的相邻组合

图 1.22(b)中，8 个 1 均在最左右两列，所以

$$F(A,B,C,D)=\sum(0,2,4,6,8,10,12,14)=\overline{D}$$

由上面所述，可以归纳出如下两个要点：

第一，卡诺图上读成一个组合的方格数必须是 2 的幂，即可以读 $2^0=1$，$2^1=2$，$2^2=4$，$2^3=8$ 等的方格组。因此，不可能将三个方格组组合成一个组合，即使它们都是相邻的。

第二，不可能组合几何上相邻但逻辑上不相邻的最小项对。因此，要合并的对应方格必须构成矩形或正方形。

1.5.2　用卡诺图简化逻辑函数

1. 用卡诺图简化逻辑函数的规则和步骤

当一个逻辑函数用它的最小项表示为标准形式时，按下列规则，可以用卡诺图简化这个逻辑函数：

(1)某个组合所选的方格(最小项)必须使每个方格至少被包含一次。

(2)应当使各个组合包含尽可能多的方格。

(3)所有的方格包含在尽可能少的不同组合中。

利用卡诺图获得函数最简表达式的步骤如下：

(1)将逻辑函数表示在卡诺图上。

(2)识别围圈 8 方格的组合，如果不能则进行(3)。

(3)识别围圈 4 方格的组合，如果不能则进行(4)。

(4)识别围圈 2 方格的组合。

(5)将不能与任何其他方格组合的一个方格单独围圈。

(6) 将各围圈组成的与项进行相加。

实际应用中，步骤 (2)～(5) 的顺序也可反过来进行。

【例 16】　已知四变量逻辑函数为

$$F(A,B,C,D) = \sum m(0,1,3,5,6,9,11,12,13,15)$$

试用卡诺图简化该函数。

　　解　函数的卡诺图如图 1.23 (a) 所示。首先 m_6 不能与其他的方格组合，因此，单独围圈它。其次 m_0, m_1 及 m_{12}, m_{13} 能组合为一个 2 方格组，因此如图 1.23 (b) 那样把它们围圈成两个 2 方格组。然后，看到 m_1, m_5, m_{13}, m_9 可组成 4 方格组，m_1, m_3, m_9, m_{11} 和 m_9, m_{11}, m_{13}, m_{15} 可组成 4 方格组，因此如图 1.23 (c) 那样，围圈三个这样的 4 方格组。

　　最后，在图 1.23 (d) 中，画出所有这些围圈，并且看到所有的方格都被圈过了。根据图 1.23 (d) 所示的卡诺图，读得

$$F(A,B,C,D) = \overline{A}BC\overline{D} + \overline{A}\,\overline{B}\,\overline{C} + AB\overline{C} + \overline{C}D + \overline{B}D + AD$$

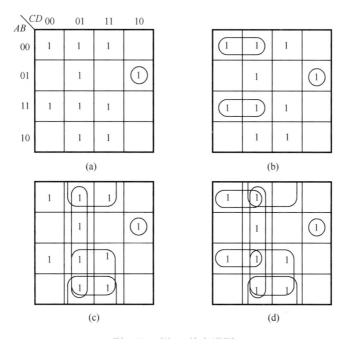

图 1.23　例 16 的卡诺图

【例 17】　已知四变量逻辑函数为

$$F(A,B,C,D) = \sum m(0,2,3,4,5,7,8,9,13,15)$$

试用卡诺图简化该函数。

　　解　该函数的卡诺图如图 1.24 (a) 所示。m_5, m_7, m_{13}, m_{15} 满足 4 方格组合的要求，因此可得图 1.24 (b) 所示的围圈。此时，还有些方格还未包含在围圈中，利用 2 方格组合的要求，相邻地组合它们。显然，图 1.24 (c) 所示的组合可获得最好组合。根据图 1.24 (c) 所示的围圈，直接读得其解为

$$F(A,B,C,D) = \overline{A}\,\overline{C}\,\overline{D} + \overline{A}\,\overline{B}C + A\overline{B}\,\overline{C} + BD$$

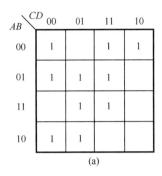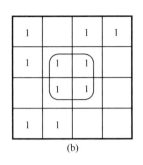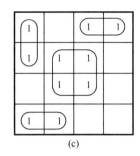

图 1.24 例 17 的卡诺图

2. 逻辑函数未用最小项表示的化简

上面的讨论说明,要把逻辑函数画成卡诺图,首先要把这个函数表示为最小项之和。然而实际上,如果逻辑函数已经是与或表达式,也不必用代数法先将函数展开为最小项,而将逻辑函数的各项填入卡诺图的过程中就能把函数展开成最小项。

【例 18】   将下面的逻辑函数用卡诺图表示并简化:

$$F(A,B,C,D) = \overline{AB}\,\overline{CD} + \overline{AC} + A$$

解   式中仅有第一项为最小项,如图 1.25(a)所示,可以直接把这个最小项填入卡诺图。第二项 $\overline{AC}$ 处在与变量 B 和 D 无关的 $\overline{A}$ 和 $\overline{C}$ 区域中,它占用了最小项 m_0,m_1,m_4,m_5 对应的 4 个方格,如图 1.25(b)所示。最后如图 1.25(c)所示,第三项 A 填在 A 域 8 个方格中。组合上述三个图,可得完整的卡诺图,如图 1.25(d)所示。由此求得

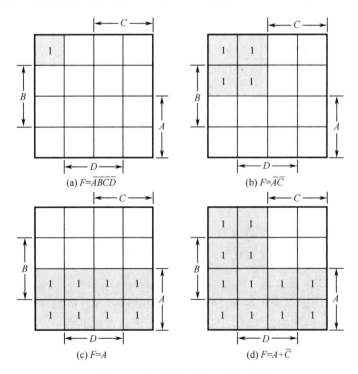

图 1.25 未用最小项表示的卡诺图

$$F(A,B,C,D) = A + \overline{C}$$

3. 具有无关项的化简

实际中经常会遇到这样的问题，在真值表内对应于变量的某些取值下，函数的值可以是任意的，或者这些变量的取值根本不会出现，这些变量取值所对应的最小项称为无关项或任意项。它的值可以取 0 或取 1，具体取什么值，可以根据使函数尽量得到简化而定。

【例 19】　化简下列函数：

$$F(A,B,C,D) = \sum m(0,3,4,7,11) + \sum \phi(8,9,12,13,14,15)$$

式中，ϕ 表示无关项。

解　上式中对应于最小项 m_0, m_3, m_4, m_7, m_{11}，具有逻辑 1，而对应于无关项 m_8, m_9, $m_{12} \sim m_{15}$，其逻辑值不定。在图 1.26 所示的卡诺图上，无关项填入 ϕ，它们在简化过程中可取 0 或 1。如果都取 0，则得表达式为

$$F = (m_3 + m_7) + (m_3 + m_{11}) + (m_0 + m_4)$$
$$= \overline{A}CD + \overline{B}CD + \overline{A}\,\overline{C}\,\overline{D}$$

当 m_8, m_{12}, m_{15} 均取 1 时，可简化为

$$F = (m_0 + m_4 + m_8 + m_{12}) + (m_3 + m_7 + m_{11} + m_{15})$$
$$= \overline{C}\,\overline{D} + CD$$

显然，结果更简单。此时 m_9, m_{13}, m_{14} 三项均认为是 0。

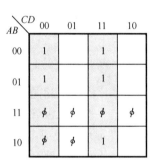

图 1.26　具有无关项的化简

1.6　数字集成电路

1.6.1　集成电路的制造技术类型

数字电路实现的逻辑功能，都是以集成电路(IC)形式体现的，它们具有体积小，可靠性高，功耗低，集成度高等特点，在数字系统设计中得到了广泛的应用。

按制造集成电路的工艺技术来说，目前广泛使用 CMOS 电路和 TTL 电路两种类型。CMOS 已成为主导技术，并有可能取代 TTL。二者相比，前者功耗小，集成度高，而后者速度快，但集成度不如 CMOS。

1. CMOS 系列

金属氧化物半导体晶体管作为开关元件的门电路叫 MOS 电路。MOS 门电路有三种：使用 P 沟道管的 PMOS 电路；使用 N 沟道管的 NMOS 电路；同时使用 PMOS 管和 NMOS 管的 CMOS 电路，由于具有更好的性能，得到了广泛应用。

就直流电源而言，CMOS 可分为+5V 和+3.3V 两类。采用 3.3V 电源是对 5V 电源的改进，是为了减少功耗的研究成果。由于功耗与直流电压伏特的平方成比例，从 5V 减为 3.3V，可就将电源功耗减少 34%。

(1)采用 5V 直流电压的基本 CMOS 系列。

有如下型号：74HC 和 74HCT；74AC 和 74ACT；74AHC 和 74AHCT。

(2)采用 3.3V 直流电压的基本 CMOS 系列。

有如下型号：74LV；74LVC；74ALVC。

（3）CMOS 和 TTL 技术相结合而成的 BiCMOS 系列。

有如下型号：74BCT；74ABT；74LVT；74ALB。BiCMOS 系列是最先进的系列。

2. TTL 系列

TTL 是晶体管-晶体管逻辑电路工艺制造技术的英文缩写，它自始至终都是十分流行的 IC 数字技术。最大的优点是它不像 CMOS 那样对静电放电非常敏感，因此在实验室和数字系统应用中更为实用，不必担心实际操作中的问题。

TTL 系列的 IC 由 5V 直流电源供电，按产品发明的先后次序，有下列型号系列：

74（标准 TTL，不带字母）；74S；74AS；74LS；74ALS；74F（高速 TTL）。

需要指出，无论 CMOS 还是 TTL74 系列都规定为商用 IC 产品标准，而 54 系列规定为军用 IC 产品标准。两者的区别在于可靠性和筛选测试的指标不同，所以 54 系列价格要贵。

1.6.2　集成电路的封装类型

单片集成电路是指在一个体积小的硅芯片上开发的数字电路。组成这个电路芯片的元件有晶体管、二极管、电阻器、电容器等，它们组成逻辑门、寄存器等比较复杂的电路。图 1.27 显示了集成电路封装的剖面图，其中安放在内部的芯片与封装的外部引脚通过导线相连，从而与外部有输入到输出的连接。

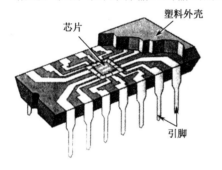

图 1.27　集成电路封装剖面图

集成电路封装的形式取决于它们装配在印制电路板上的方式，通常分为两大类：

一类是插孔装配，IC 的引脚通过小孔插入到印制电路板上，并且这些引脚是焊接到印制板另一侧的导线上。常见的插孔类型封装见图 1.27 所示的双列直插式（DIP）。

另一类是平面装配，它是插孔装配技术的一种改进，印制电路板上不需要做小孔，而是把 IC 的引脚直接焊到印制板一侧的导线上，而板子的另一侧留做其他

电路使用。因此，对同样引脚的电路，平面装配封装要比双列插孔封装的体积大大减小。图 1.28 示出三种类型的平面封装集成电路外形，其中 SOIC 是小规模的 IC，而 PLCC，LCCC 是较复杂的 IC。可以看出，越复杂的电路需要越多的引脚。

所有的 IC 引脚数编号都有一个标准格式。无论是 DIP，SOIC，还是 PLCC，LCCC，引脚号 1 通常用缺口、一个小点或凹槽标示出来，然后用逆时针方向依次增加引脚的编号，以便于引脚号与输入输出的逻辑信号一一对应。

(a) SOIC　　　　　　　(b) PLCC　　　　　　　(c) LCCC

图 1.28　平面封装的集成电路外形

图 1.29 给出了 74LS00，74LS30，74LS86 三个小规模集成电路的引脚排列图。这三个器件都有 14 个引脚，双列直插，以左边缺口标记为基准，14 号引脚接+5V 电源，7 号引脚接地，其余引脚号作为门电路的输入或输出端。整个电路封装在塑料外壳之内。按门电路种类和集成密度不同，门电路的管脚数多少不等。

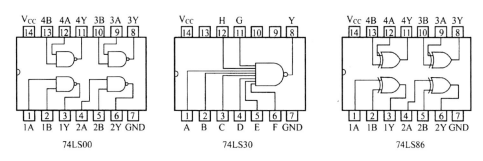

图 1.29　74LS 系列器件的引脚排列图举例

1.6.3　集成电路的规模类型

集成电路的规模是指单个芯片上集成的门电路数目的多少。按照电路复杂性的不同，通常分为以下五种类型：

(1) 小规模集成电路(SSI)：单个芯片上集成 12 个以下的门，实现基本逻辑门的集成。

(2) 中规模集成电路(MSI)：单个芯片上集成 12～99 个门，实现功能部件级集成，如数据选择器、数据分配器、译码器、编码器、加法器、乘法器、比较器、寄存器、计数器，等等。

(3) 大规模集成电路(LSI)：单个芯片上集成 100～9999 个门电路，实现子系统集成。

(4) 超大规模集成电路(VLSI)：单个芯片上集成 10000～99999 个门电路，实现系统级集成。

(5) 巨大规模集成电路(ULSI)：单个芯片上集成 10 万个以上的门电路，实现大型存储器、大型微处理器等复杂系统的集成。

1.6.4　集成电路的使用特性

1. 负载能力

一个逻辑门通常只有一个输出端，但它能与下一级的多个逻辑门的输入端相连接。一个逻辑门的输出端所能连接的下一级逻辑门输入端的节点个数，称为该逻辑门的扇出系数，也称负载能力。如图 1.30 所示，G_0 称为驱动门，而其他 G_1，G_2，$\cdots$，G_n 称为负载门。一般逻辑门的负载能力为 8，功率逻辑门的负载能力可达 25。

2. 延迟特性

平均传输延迟时间是反映门电路工作速度的一个重要参数。以与非门为例，在输入端加上一个正方波，

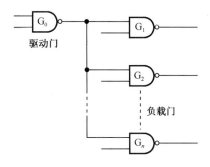

图 1.30　逻辑门的负载能力

则需经过一定的时间间隔才能从输出端得到一个负方波。这两个方波的时间关系如图 1.31 所示。若定义输入波形前沿的 50%到输出波形前沿的 50%之间的时间间隔 t_1 为前沿延迟；同样，定义 t_2 为后沿延迟，则它们的平均值 $\overline{t_y} = (t_1 + t_2)/2$，称为平均传输延迟时间，简称平均时延。TTL 门低速器件 $\overline{t_y}$ >40ns，中速器件 $\overline{t_y}$ =15～40ns，高速器件 $\overline{t_y}$ =8～15ns，超高速器件 $\overline{t_y}$ <8ns。高速 74HC 系列 CMOS 门的 $\overline{t_y}$ 已达到 9ns，与 74LS 系列 TTL 门相当。

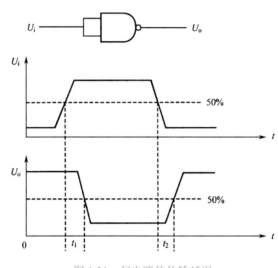

图 1.31　门电路的传输延迟

3. 功耗特性

集成电路的功耗和集成度密切相关。功耗大的器件集成度不能很高，否则，器件因无法散热而容易烧毁。

当输出端空载，门电路输出低电平时电路的功耗称为空载导通功耗 P_{on}。当输出端为高电平时，电路的功耗称为空载截止功耗 P_{off}。P_{off} 值小于 P_{on} 值。平均功耗 $P=(P_{on}+P_{off})/2$。例如 74H 系列 TTL 门电路，平均功耗约 22mW。而 CMOS 门电路的平均功耗在微瓦数量级。

需要指出，空载功耗还和工作频率有关，频率越高，空载功耗越大。

4. 空脚处理

为了保证 TTL 或 CMOS 电路工作的可靠性，未使用的输入端引脚应当连接到一个固定的逻辑电平(高或低)。如图 1.32 所示，对与门/与非门来说，未使用的空脚应连接到电源电压+V_{CC}(TTL 通过 1kΩ 电阻)。对或门/或非门来说，未使用的空脚应当接地。

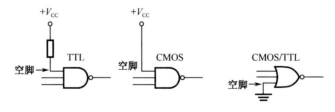

图 1.32　空脚处理方法

<h1 align="center">小 结</h1>

二进制系统代表自然界中存在的二状态物理元件。这两种不同的物理状态可用数字 1 和 0 来表示。在数字电路中，通常用逻辑高电平(H)表示数字1，逻辑低电平(L)表示数字0，它们是构成二进制数制的基础，是一个开关量。

二进制数进行传输、存储、运算都很方便。二进制数以 2 为基，计数规律是逢 2 进 1。但书写不方便，为此人们采用八进制、十六进制数作为与二进制数相互转换的过渡。

数字系统中的另一种二进制码没有数的含义，故称为二进制编码。常见的编码有自然二进制码和 BCD 码。后者用来实现人机通信。

数字电路又称为逻辑电路，它可以用逻辑函数来描述。常用的描述工具有布尔代数法、卡诺图法、真值表法、逻辑图法、波形图法、硬件描述语言法。

在逻辑函数中，三种最基本的逻辑运算是与、或、非运算。在此基础上，三种基本运算可以组合成与非、或非、异或、同或运算，并用相应的门电路来实现。

数字集成电路是实现逻辑函数的载体。按制造技术分，有 CMOS 系列、TTL 系列；按封装类型分，有插空装配和平面装配；按规划类型分，有 SSI、MSI、LSI、VLSI、ULSI 共 5 类，它们以每个芯片上集成的门的个数多少来划分。

<h1 align="center">习 题</h1>

1. 将下列十进制数化成二进制数和八进制数：

    49，53，127，635，7.943，79.43

2. 将下列二进制数转换成十进制数和八进制数：

    1010，111101，1011100，0.10011，101111，01101

3. 将下列十进制数转换成 8421BCD 码：

    1997，65.312，3.1416，0.9475

4. 一个电路有三个输入端 A, B, C，当其中两个输入端为高电平时，输出 X 为高电平，试列出真值表，并写出 X 的逻辑表达式。

5. 当变量 A, B, C 为 0, 1, 0；1, 1, 0；1, 0, 1 时，求下列函数的值：

(1) $\overline{A}B + BC$ ；(2) $(A+B+C)(\overline{A}+\overline{B}+\overline{C})$ ；(3) $(\overline{A}B + A\overline{C})B$ 。

6. 用真值表证明恒等式：$\overline{A} \oplus \overline{B} \oplus \overline{C} = A \oplus \overline{B} \oplus C$ 。

7. 证明下列等式：

(1) $A + \overline{A}B = A + B$ ；

(2) $ABC + A\overline{B}C + AB\overline{C} = AB + AC$ ；

(3) $A + A\overline{B}\overline{C} + \overline{A}CD + (\overline{C} + \overline{D})E = A + CD + E$ ；

(4) $\overline{A}\overline{B} + \overline{A}B\overline{C} + A\overline{B}\overline{C} = \overline{A}\overline{B} + \overline{A}\overline{C} + \overline{B}\overline{C}$ 。

8. 用布尔代数简化下列各逻辑函数表达式：

(1) $F = A + ABC + A\overline{B}C + CB + C\overline{B}$ ；

(2) $F = A\overline{B}CD + AB\overline{C}D + A\overline{B} + A\overline{D} + A\overline{B}C$ ；

(3) $F = ABC\overline{D} + ABD + BC\overline{D} + ABCD + B\overline{C}$;

(4) $F = \overline{\overline{AC} + \overline{A}BC + \overline{B}C + AB\overline{C}}$ 。

9. 将下列函数展开为最小项表达式：

(1) $F(A,B,C) = \overline{A}(B + \overline{C})$;

(2) $F(A,B,C,D) = \overline{\overline{AB} + ABD}(B + \overline{C}D)$ 。

10. 用卡诺图法简化下列各式：

(1) $F = \overline{AC + \overline{A}BC + \overline{B}C + AB\overline{C}}$;

(2) $F = A\overline{B}CD + AB\overline{C}\overline{D} + A\overline{B} + A\overline{D} + A\overline{B}C$;

(3) $F(A, B, C, D) = \sum m\ (0,1,2,5,6,7,8,9,13,14)$;

(4) $F(A, B, C, D) = \sum m\ (0,13,14,15) + \sum \phi\ (1,2,3,9,10,11)$ 。

11. 写出 VHDL 语言表达式，并画出逻辑图：

(1) $F = AB\overline{C} + A\overline{B}\overline{C}$;

(2) $F = \overline{(A + B)(C + D)}$;

(3) $F(A, B, C, D) = \sum m\ (0,1,2,4,6,10,14,15)$ 。

12. 逻辑函数 $X = A\overline{B} + B\overline{C} + C\overline{A}$ ，试用真值表、卡诺图、逻辑图、波形图、VHDL 语言表示该函数。

13. 根据图 P1.1 所示的函数输出，画出所需的逻辑电路图，要求只能使用单输入非门、二输入与门、二输入或门三种器件。

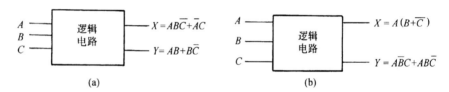

图 P1.1

14. 输入信号 A，B，C 的波形如图 P1.2 所示，试画出电路输出 F_1，F_2 的波形图。

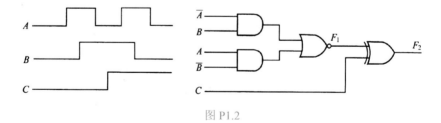

图 P1.2

第 2 章

组 合 逻 辑

数字系统是由具有各种功能的逻辑部件组成的，这些逻辑部件按其结构可分为组合逻辑电路和时序逻辑电路两大类型。由各种门电路组合而成且无反馈的逻辑电路，称为组合逻辑电路，简称组合逻辑。本章介绍组合逻辑的分析方法和设计方法。在此基础上介绍常用的组合逻辑功能构件，它们在工程应用中非常有用。

2.1 组合逻辑分析

组合逻辑电路在结构上不存在输出到输入的反馈通路，因此输出状态不影响输入状态。组合逻辑电路的特点是：任意时刻的输出状态取决于该时刻输入信号的状态，而与信号作用前电路的状态无关。

所谓组合逻辑分析，就是根据已知逻辑电路图，找出组合逻辑电路的输入与输出关系，确定在什么样的输入取值组合下对应的输出为 1。

组合逻辑电路分析的一般过程可以是：阅读组合逻辑电路图→列写布尔表达式、列出真值表、画出数字波形图→指出电路的逻辑功能。

实际分析时不一定按照上述步骤按部就班进行。对于较简单的逻辑电路，可以通过"逐级电平推导"法由电路直接推知其逻辑功能。对于较复杂的逻辑电路，一般只要列出逻辑表达式，便可从表达式推知该电路所能实现的逻辑功能。只有在迫不得已的情况下，才需要列出真值表，并从真值表中推知它的逻辑功能。下面举例说明上述三种情况下的分析方法。

2.1.1 逐级电平推导法

逐级电平推导法，是先假定输出为某一值(逻辑 1 或 0)，然后逐级向前推导，直到推得输入的值。

【例 1】 分析图 2.1(a)所示电路的逻辑功能。

解 欲使 $F=1$，根据与非门的逻辑功能，门 3 的输入 x_1 和 x_2 应满足

$$x_1=0 \quad 或 \quad x_2=0$$

进一步向前推导，要使 $x_1=0$，门 1 的输入应满足

$$A=1, \quad B=1$$

同理,要使 $x=0$,门 2 的输入应满足

$$\bar{A}=1(A=0),\quad \bar{B}=1(B=0)$$

综上可知,要使 $F=1$,则必须

$$A=B=1\qquad 或\qquad A=B=0$$

图 2.1(a)所示电路的逻辑功能是:当输入 A、B 都为 1 或都为 0 时,输出 F 为 1,否则 F 为 0。这是一个判别两个输入 A 和 B 是否相等的逻辑电路。根据同或门的逻辑功能,图 2.1(a)所示电路可用一个同或门来代替,如图 2.1(b)所示。

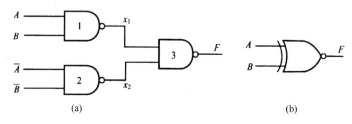

图 2.1   例 1 给定的逻辑电路

2.1.2   列写布尔表达式法

【例 2】   指出图 2.2(a)所示电路的逻辑功能。

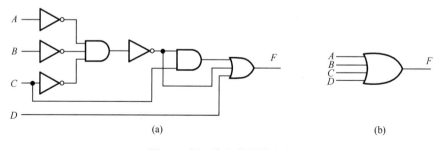

图 2.2   例 2 给定的逻辑电路

解   该电路采用逐级电平推导法不太方便,故写出它们的布尔表达式进行分析。其布尔表达式为

$$F=(\overline{\overline{\overline{A}\,\overline{B}\,\overline{C}}})C+\overline{\overline{\overline{A}\,\overline{B}\,\overline{C}}}+D$$

利用德摩根定律展开后,

$$\begin{aligned}
F&=(\overline{\overline{A}}+\overline{\overline{B}}+\overline{\overline{C}})C+\overline{\overline{A}}+\overline{\overline{B}}+\overline{\overline{C}}+D\\
&=AC+BC+CC+A+B+C+D\quad (C\cdot C=C)\\
&=AC+BC+C+A+B+C+D\quad\ (C+C=C)\\
&=C(A+B+1)+A+B+D\qquad (A+B+1=1)\\
&=A+B+C+D
\end{aligned}$$

简化后的电路是一个 4 输入的或门,见图 2.2(b)所示,它与原来的电路是逻辑等价的。但其优点是减少了门的数目(原来 7 个,现在 1 个),且提高了信号传输的速度(从 5 级门的延

迟变为 1 级门延迟)。

2.1.3　数字波形图分析法

这种方法是对逻辑门的所有输入变量施以输入波形,逐级画出各个门电路的输出波形,乃至画出最后的输出波形。事实上,这种方法与用示波器测量门电路数字波形的方法相一致。

【例 3】　图 2.3(a)所示的逻辑电路有 A, B, C, D 四个变量,输入波形如图 2.3(b)所示。画出 X_1, X_2, X_3, X_4 及最后输出 F 的数字波形图。

解　先画出 X_1, X_2, X_3, X_4 处的中间波形(图 2.3(b)),最后画出 F 处波形(图 2.3(c))。

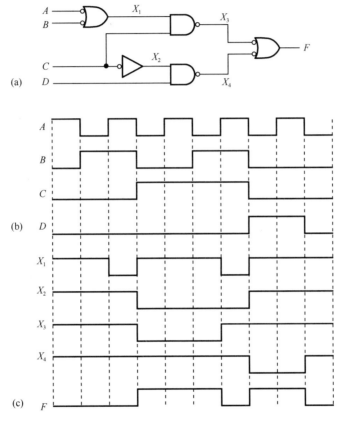

图 2.3　例 3 给定的逻辑电路

2.1.4　列写逻辑电路真值表法

【例 4】　分析图 2.4 所示电路的逻辑功能。

解　该电路比较复杂,因而要一次写出它的输出函数表达式比较困难,故可从输入端开始,逐级分别写出,然后再写出总的输出表达式,如图 2.4 所示。于是求得

$$F = \overline{\overline{(A \oplus B)(B \oplus C)} \cdot (\overline{A} + \overline{B} + \overline{A + C})}$$

显然,从这一表达式无法推知该电路的逻辑功能。为此,先将该表达式展开并化简。根据德摩根定律,可得

$$F = (A \oplus B)(B \oplus C) + (\overline{A} + \overline{B})(A + C)$$
$$= (A\overline{B} + \overline{A}B)(B\overline{C} + \overline{B}C) + (\overline{A} + \overline{B})(A + C)$$
$$= A\overline{B}C + \overline{A}B\overline{C} + \overline{A}C + A\overline{B} + \overline{B}C$$
$$= \overline{A}B\overline{C} + \overline{A}C + A\overline{B} + \overline{B}C$$
$$= \overline{A}B\overline{C} + \overline{A}C(B + \overline{B}) + A\overline{B}(C + \overline{C}) + (A + \overline{A})\overline{B}C$$
$$= \overline{A}B\overline{C} + \overline{A}B\overline{C} + \overline{A}BC + A\overline{B}\overline{C} + A\overline{B}C$$
$$= A\overline{B} + \overline{A}B + \overline{B}C$$

由此看出，原来的电路不是最简的，它可以用改进的电路来代替，读者可根据最后表达式自行画出。

表达式倒数第二行变成最小项相加形式，可得出表 2.1 所示的真值表。由表可知，当输入 ABC 为 001, 010, 011, 100, 101 时，输出 F 为 1，否则，F 为 0。

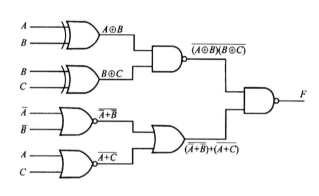

图 2.4 例 4 给定的逻辑电路

表 2.1 例 4 的真值表

A	B	C	F
0	0	0	0
0	0	1	1
0	1	0	1
0	1	1	1
1	0	0	1
1	0	1	1
1	1	0	0
1	1	1	0

2.1.5 组合逻辑中的竞争冒险

前面讨论组合逻辑电路时，都是假定输入和输出信号已处于稳定状态下来分析的。下面讨论信号在状态转换过程中，有些电路出现的一种现象——竞争冒险。

在组合电路中，当逻辑门有两个互补输入信号同时向相反状态变化时，输出端可能产生过渡干扰脉冲的现象称为竞争冒险。

例如，图 2.5(a) 所示电路中，当输入信号 A 由 0 变为 1 时，则与非门 2 的两个输入信号中，A 由 0 变为 1，B 则由 1 变为 0。按照电路的表达式，应为

$$F = \overline{AB} = \overline{A} + \overline{B} = \overline{A} + A = 1$$

所以输出 F 应该恒为 1。但是实际 F 信号却出现了负向窄脉冲，见图 2.5(b)。这是因为 B 是由 A 经反相器延迟后到达与非门，所以 B 的变化落后于 A 的变化。当 A 上升为高电平时，B 还处于高电平状态，存在同时为 1 的情况，故与非门传输延迟后，F 出现了负向过渡性干扰脉冲。通常把这种两个互补信号同时向相反状态变化的现象称为竞争。

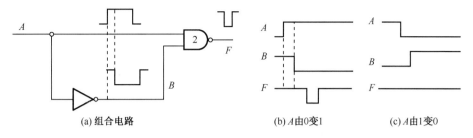

(a) 组合电路   (b) A由0变1   (c) A由1变0

图 2.5　产生竞争冒险的组成电路及波形

　　然而，存在竞争现象的电路不一定都产生过渡干扰脉冲。例如上例中当信号 A 由 1 变为 0 时，虽然与非门也有向相反状态变化的两个输入信号，但因 A 先由 1 变为 0，B 后由 0 变为 1，它们不存在同时为 1 的情况，故 F 恒为 1，不会产生干扰脉冲，见图 2.5(c)。可见，电路中有竞争现象只是存在产生过渡干扰脉冲的危险而已，故称其为竞争冒险。

　　综上所述，在组合电路中，由于信号通过门的级数不同，或是因为门电路传输延迟时间有差异，使得某些门的输入端出现了作用时刻不同的两个互补变化的信号，从而使电路的输出可能产生违背稳态下逻辑关系的尖峰脉冲，这就是产生竞争冒险的重要原因之一。

　　在复杂的数字电路中，由于各种因素的随机性，很难判断两个互补信号的先后，所以只要存在竞争现象，就有可能产生过渡干扰脉冲。如果电路的负载对尖峰脉冲十分敏感，这样的干扰脉冲就会使负载产生误动作，造成逻辑功能上的错误。因此，必须采取措施消除竞争冒险现象。通常采用以下两种方法。

　　加选通脉冲　先来分析图 2.6 所示组合电路。由该逻辑电路的门 1、门 2 输出加到门 3 输入端。当 A=C=1 时，由于 $F = \overline{B} + B$，出现了互补变化的信号，所以存在竞争冒险现象。为此，在接收了输入信号并且电路达到了新的稳态之后，才加入选通脉冲 P=1，允许电路输出。这就避免了竞争冒险的影响。引入选通脉冲的组合电路，输出信号只在选通脉冲 P=1 期间才有效，其波形图见图 2.6(b)。选通脉冲法具有通用性。

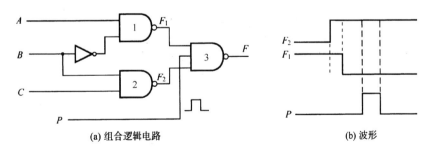

(a) 组合逻辑电路   (b) 波形

图 2.6　加选通脉冲消除竞争冒险

　　修改逻辑设计　适当修改逻辑电路，可以消除某些竞争冒险现象。例如上面分析的电路中，当 A=C=1 时，由于 $F = \overline{B} + B$，出现了互补变化的信号，所以存在竞争冒险现象。为此，我们可以把表达式变换一下，根据常用布尔公式可知

$$F = A\overline{B} + BC = A\overline{B} + BC + AC$$

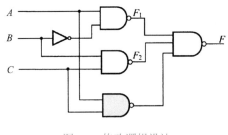

图 2.7   修改逻辑设计

上式增加了 AC 项以后，函数关系不变，但当 $A=C=1$ 时，输出 F 恒为 1，不再产生干扰脉冲。所以，把电路按上式修改，即可消除竞争冒险现象。修改后的电路如图 2.7 所示。

用增加多余项的办法修改逻辑设计，可以消除一些竞争冒险现象。但是这种方法的适用范围是有限的。不过，只要通过逻辑设计，使得在信号转换时，电路中各个门的输入端只有一个变量改变状态，则输出就不会出现过渡干扰脉冲，从而消除了竞争冒险现象。

竞争冒险并非都是有害的，第 3 章中人们利用竞争冒险原理构成了边沿工作的触发器。

2.2   组合逻辑设计

2.2.1   组合逻辑设计步骤

所谓组合逻辑设计，是指组合逻辑电路的设计，它是根据课题要求确定电路的逻辑功能，画出实现该功能的逻辑电路。可以看出，这是组合逻辑分析的逆过程。

进行组合逻辑设计时，其步骤可概括为下列四步：

(1)逻辑问题的描述。这一步的任务是将设计问题转化为一个逻辑问题或算法问题，也就是用逻辑表达式来描述设计要求。

(2)逻辑函数的简化。一般说，由第一步所得到的表达式不是函数的最简式。为使所设计的电路最简单，需要用第一章所介绍的逻辑函数化简方法，将第一步所得之函数化为最简，以求得描述设计问题的最简与-或表达式。

(3)逻辑函数的变换。这一步的任务是根据给定的门电路类型，将第二步所得之最简与-或表达式变换为器件所需形式，以便能按此形式直接画出逻辑图。

(4)画逻辑图，并考虑实际工程问题。包括门电路的扇出系数是否满足集成电路的技术指标，整个电路的传输延迟是否满足设计要求，所设计的电路中是否存在竞争冒险现象等，并最后选定合适的集成电路器件。

2.2.2   逻辑问题的描述

设计组合逻辑电路时，其设计要求往往以文字描述的形式给出。例如，设计一电路，将 8421 码转换为余 3 码；设计一电路，以比较两个数的大小，等等。

显然，要设计出这些电路，必须把文字描述的设计要求，抽象为一个逻辑表达式。这一步对初学者来讲有一定难度，但这是完成组合电路设计的第一步，也是最重要的一步。因为，这一步所得的逻辑表达式如果出错，下面的步骤即使正确，其最后结果也是错误的。

由于实际问题千变万化，因而，如何从文字描述的设计要求抽象为一个逻辑表达式，至今尚无系统的方法。目前采用的方法仍以设计者的经验为基础，通常的思路是，先由文字描述的设计要求建立所设计电路的输入、输出真值表，然后由真值表建立逻辑表达式。对于变量较多的情况，可设法建立简化真值表，也可由设计要求直接建立逻辑表达式。下面通过具体例子来说明上述思路。

【例 5】 设计一个多数表决逻辑电路，以判别 A，B，C 三人中是否为多数赞同。

解 该电路的输入是 A，B，C 三人的"赞同"或"反对"，输出是"多数赞同"或"多数反对"。显然，输入和输出只有两种可能状态，故可用逻辑函数来描述。设 F 为 A，B，C 的函数，可表示为

$$F=f(A,B,C)$$

这一关系可用图 2.8 来示意。图中 A，B，C 表示输入，某人赞成时其输入为 1，否则为 0。F 表示结果，多数人赞同时 $F=1$，多数人反对时 $F=0$。实际应用中可用灯亮与灯灭来显示表决结果，用二进制开关来作为 A，B，C 三人的投票输入。

根据题意，当 A,B,C 三个输入中有两个或两个以上为 1(多数赞同)时，输出 F 应为 1；反之，F 应为 0。由此可列出所要设计电路的真值表，如表 2.2 所示。

由表 2.2，可列出 F 的最小项表达式如下：

$$F = \sum(3,5,6,7) = \bar{A}BC + A\bar{B}C + AB\bar{C} + ABC$$

表 2.2   多数表决逻辑电路真值表

m_i	A	B	C	F
0	0	0	0	0
1	0	0	1	0
2	0	1	0	0
3	0	1	1	1
4	1	0	0	0
5	1	0	1	1
6	1	1	0	1
7	1	1	1	1

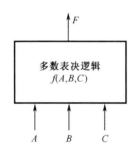

图 2.8   多数表决逻辑电路框图

结语 本例通过真值表列出逻辑表达式，而真值表则是根据设计要求建立的。

【例 6】 已知 $X=x_1x_2$ 和 $Y=y_1y_2$ 是两个正整数，写出判别 $X>Y$ 的逻辑表达式。

解 在设计"X 是否大于 Y"的判别电路时，首先要列出 $X>Y$ 的逻辑表达式。该判别电路应有 4 个输入变量：x_1, x_2, y_1, y_2，输出为一个标志信号 F，它将表明 $X>Y$ 还是 $X \leqslant Y$。图 2.9 示出 $X>Y$ 的判别电路框图。

由题意知，$x_1x_2>y_1y_2$ 时，$F=1$；$x_1x_2 \leqslant y_1y_2$ 时，$F=0$。

比较 x_1x_2 和 y_1y_2，当 $x_1=1$，$y_1=0$ 时，不管 x_2 和 y_2 为何值，总满足 $x_1x_2>y_1y_2$；当 $x_1=y_1$ 时，只有在 $x_2=1$，$y_2=0$ 的情况下才满足 $x_1x_2>y_1y_2$；当 $x_1x_2=11$，$y_1y_2=10$ 时，$x_1x_2>y_1y_2$。除上述情况外，x_1x_2 总是小于等于 y_1y_2。于是列出使 $F=1$ 的变量取值组合，如表 2.3 所示。与完整的真值表比较，我们把只包含 $F=1$ 的真值表称为简化真值表。表中的"×"符号，表示变量随意取值(0 或 1 均可)。

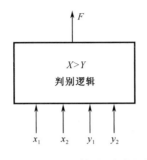

图 2.9 $X>Y$ 判别逻辑框图

表 2.3 $X>Y$ 的简化真值表

x_1	x_2	y_1	y_2	F
1	×	0	×	1
0	1	0	0	1
1	1	1	0	1

由表 2.3 看出，要使 $F=1$，$x_1x_2y_1y_2$ 的取值应为

$$1×0×, \qquad 0100, \qquad 1110$$

它们对应的乘积项为

$$x_1\overline{y_1}, \qquad \overline{x_1}x_2\overline{y_1}\,\overline{y_2}, \qquad x_1x_2y_1\overline{y_2}$$

故 F 的逻辑表达式为

$$F = x_1\overline{y_1} + \overline{x_1}x_2\overline{y_1}\,\overline{y_2} + x_1x_2y_1\overline{y_2}$$

结语　本例通过简化真值表列出逻辑表达式，而简化真值表是通过对设计要求的分析建立的。

【例7】　某民航客机的安全起飞装置在同时满足下列条件时，发出允许滑跑信号：①发动机开关接通；②飞行员入座，且座位保险带已扣上；③乘客入座，且座位保险带已扣上，或座位上无乘客。试写出允许发出滑跑信号的逻辑表达式。

解　该装置的输入变量有：

发动机启动信号 S（发动机启动时 $S=1$）；

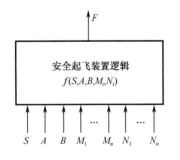

图 2.10　安全起飞装置逻辑框图

飞行员入座信号 A（飞行员入座时 $A=1$）；

飞行员座位保险带已扣上信号 B（飞行员座位保险带扣上时，$B=1$）；

乘客座位状态信号 M_i（有乘客时 $M_i=1$，无乘客时 $M_i=0$，$i=1,2,3,\cdots,n$）；

乘客座位保险带扣上信号 N_i（乘客座位保险带扣上时 $N_i=1$，$i=1,2,3,\cdots,n$）。

该装置的输出变量为 F。显然，当允许飞机滑跑的条件满足时，$F=1$。该装置的逻辑组成框图如图 2.10 所示。

由此可列出下列逻辑表达式：

$$F = f(S,A,B,M_i,N_i) = S \cdot A \cdot B(M_1N_1 + \overline{M}_1) \cdot (M_2N_2 + \overline{M}_2)\cdots(M_nN_n + \overline{M}_n)$$
$$= SAB(N_1 + \overline{M}_1)(N_2 + \overline{M}_2)\cdots(N_n + \overline{M}_n)$$

【例8】　一架飞机的监视部件，其逻辑电路要求飞机着陆之前指示两翼和机头下面三个起落架所处的状态：某个起落架放下时，它的传感器产生一个低电平；某个起落架收回时，它的传感器产生一个高电平。当驾驶员按下"起落架放下"开关准备着陆时，如果三个起落架严格同时放下，则绿色指示灯闪亮，飞机可以降落；如果三个起落架中任何一个未放下，则红色指示灯闪亮，警告驾驶员不能降落。

请设计满足上述要求的逻辑电路。

解　设两个机翼下面的起落传感器分别为 A 和 B，机头下面的传感器为 C，绿灯闪亮的条件为 F_1，红灯闪亮的条件为 F_2，二者互相排斥：

$$F_1 = \overline{A} \cdot \overline{B} \cdot \overline{C}$$

$$F_2 = \overline{A + B + C}$$

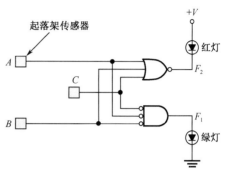

图 2.11 示出了安全降落监视装置逻辑电路图。

结语　例 7、例 8 中逻辑表达式是通过对设计需求的分析直接列出的，既不通过真值表，也不通过简化真值表。

图 2.11　安全降落监视装置逻辑电路图

2.2.3　利用任意项的逻辑设计

所谓任意项，就是从约束方程推得的逻辑值为 0 的最小项，也称无关项。这样，可"任意"地在逻辑表达式中加入此最小项，使其逻辑表达式为更简单。现举例说明如何判断所要设计的电路是否存在约束条件，如何找出任意项，以及如何利用任意项进行设计。

【例 9】　用与非门设计一个判别电路，以判别 8421 码所表示的十进制数之值是否大于等于 5。

解　由题意可知，该判别电路输入变量为 8421 码，设为 A, B, C, D，输出函数为 F，$ABCD \geqslant 0101$ 时，$F=1$；当 $ABCD < 0101$ 时，$F=0$。

由于 $ABCD$ 的取值不可能为 1010～1111，故其约束方程为

$$\sum(10, 11, 12, 13, 14, 15) = 0$$

即具有下列可利用的任意项：

$$m_{10}=0, \quad m_{11}=0, \quad m_{12}=0$$
$$m_{13}=0, \quad m_{14}=0, \quad m_{15}=0$$

由此，可列出所要设计电路的真值表，如表 2.4 所示。表中当 $ABCD$ 取值为 1010～1111 时，函数 F 值填"ϕ"，以表示它所对应的输入变量取值是不会出现。由真值表列出 F 的逻辑表达式为

$$F = \sum(5, 6, 7, 8, 9) + \sum \phi(10, 11, 12, 13, 14, 15)$$

式中，$\sum \phi$ 部分是"任意项"，可根据化简需要引入其中若干项。因为其值取为 0，引入后不会改变原函数的逻辑值。

现用卡诺图进行简化，如图 2.12 所示。图中数字 5～9 是组成 F 的各个最小项，ϕ 是任意项。根据化简需要，可将 ϕ 与最小项圈成一个尽可能大的圈，且 ϕ 可多次被圈。

表 2.4　例 9 的真值表

A	B	C	D	F
0	0	0	0	0
0	0	0	1	0
0	0	1	0	0
0	0	1	1	0
0	1	0	0	0
0	1	0	1	1
0	1	1	0	1
0	1	1	1	1
1	0	0	0	1
1	0	0	1	1
1	0	1	0	ϕ
1	0	1	1	ϕ
1	1	0	0	ϕ
1	1	0	1	ϕ
1	1	1	0	ϕ
1	1	1	1	ϕ

由此可得简化结果为

$$F=BD+BC+A$$

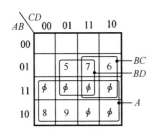

图 2.12　例 9 的卡诺图简化

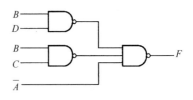

图 2.13　例 9 的 $F \geqslant 5$ 判别电路逻辑图

本题要求用与非门实现，故将上式变换为如下的与非-与非表达式：

$$F = \overline{\overline{BD + BC + A}} = \overline{\overline{BD} \cdot \overline{BC} \cdot \overline{A}}$$

由此可画出图 2.13 所示的判别电路逻辑图。

2.3　组合逻辑电路的等价变换

2.3.1　德摩根定律的应用

图 2.14 上部画出了与非门（NAND）和非或门（Negative-OR），它们在逻辑上是等价的，即与非门等价于非或门。这可以用德摩根定律证明

$$\overline{AB} = \overline{A} + \overline{B}$$

右边列出了真值表，我们看到这两个逻辑门的输入输出完全一致。

图 2.14 下部画出了或非门（NOR）和非与门（Negative-AND），它们在逻辑上也是等价的，即或非门等价于非与门。可用德摩根定律证明

$$\overline{A + B} = \overline{A} \cdot \overline{B}$$

右边列出了真值表，我们看到这两个逻辑门的输入输出完全一致。

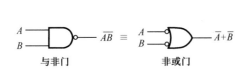

输入		输出	
A	B	$\overline{AB}$	$\overline{A}+\overline{B}$
0	0	1	1
0	1	1	1
1	0	1	1
1	1	0	0

输入		输出	
A	B	$\overline{A+B}$	$\overline{A}\overline{B}$
0	0	1	1
0	1	0	0
1	0	0	0
1	1	0	0

图 2.14

思考题　你能画出数字波形图，对图 2.14 逻辑电路进行证明吗？

2.3.2 与非门、或非门作为通用元件

"条条大路通罗马"。一个逻辑函数，可以用"与非门"实现，可以用"或非门"实现，也可以用"与或非门"实现。这种逻辑变换带来了很大灵活性。但我们要考虑的是：你手头有什么逻辑器件？设计中以节省器件为目标，还是提高工作速度为目标？特别是要考虑信号经过门的级数越多，传输延迟时间就越长。

【例 10】 与非门作为通用元件，如图 2.15 所示。

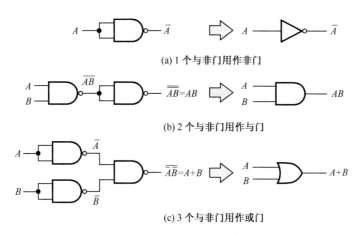

(a) 1 个与非门用作非门

(b) 2 个与非门用作与门

(c) 3 个与非门用作或门

图 2.15　与非门做通用元件的变换

需要注意的是，信号每经过一级与非门，延迟时间为一个 $\overline{t_y}$。因此在 (b)、(c) 情况下，传输延迟为 $2\overline{t_y}$。

思考题　你能利用与非门实现 $F = \overline{A} + B$ 逻辑吗？

【例 11】 或非门作为通用元件，如图 2.16 所示。

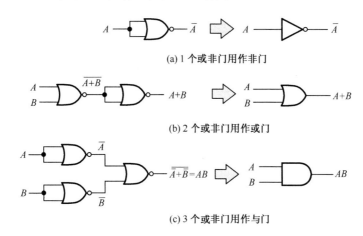

(a) 1 个或非门用作非门

(b) 2 个或非门用作或门

(c) 3 个或非门用作与门

图 2.16　或非门做通用元件的变换

思考题　你能利用或非门实现 $F = \overline{A} + B$ 逻辑吗？

2.3.3 利用与非门/非或门进行等价变换

图 2.17 示出利用与非门/非或门进行等价变换的例子。左边的逻辑门电路实现与或运算，中间输出与输入带两个小圆圈符号，它表示"非"运算，连续两个非，可以将非符号（小圆圈）取消，因此等价于右边的逻辑电路。显然右边逻辑电路的传输速度快 2 倍。

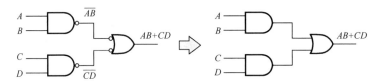

图 2.17   与非门/非或门的逻辑变换

思考题   你能利用与非门/非或门实现 $F=ABC+DEF$ 逻辑吗?

2.3.4   逻辑函数的"与或非"门实现

将最简"与或"表达式变换为"与或非"表达式的方法有两种: 一是对 F 两次求反; 二是对 $\overline{F}$ 一次求反。

【例 12】   用与或非门实现函数 $F = A\overline{B} + B\overline{C} + C\overline{A}$ 。

解   (1) F 两次求反，可得

$$F = \overline{\overline{A\overline{B} + B\overline{C} + C\overline{A}}}$$

由该式画出的逻辑图示于图 2.18 (a) 。

(2) $\overline{F}$ 一次求反，可得

$$F = \overline{A\overline{B} + B\overline{C} + C\overline{A}} = \overline{A}\overline{B}\overline{C} + ABC$$

因此

$$F = \overline{\overline{F}} = \overline{\overline{A}\overline{B}\overline{C} + ABC}$$

由该式画出的逻辑图示于图 2.18 (b) 。

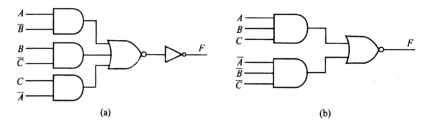

图 2.18   例 12 与或非门实现的逻辑图

比较可知，第二种方法所得之结果速度快，信号传输只经过两级门。

2.4   数据选择器与分配器

2.4.1   数据选择器

数据选择器(MUX)又称多路转换器或多路开关，它是一种多路输入、单路输出的标准

化逻辑构件。其输出等于哪一路输入，取决于控制信号。MUX 通常有二选一、四选一、八选一、十六选一等多种。图 2.19 示出 74LS153 四选一多路选择器的功能框图(a)与逻辑图(b)。逻辑功能如表 2.5 所示。表中符号×为任意状态，1 为高电平，0 为低电平。

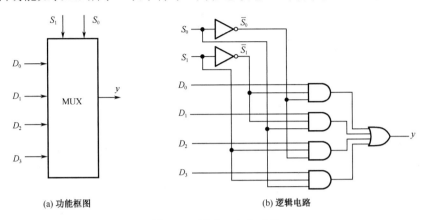

(a) 功能框图 　　　　　　　　(b) 逻辑电路

图 2.19　四选一多路开关

对 4 路选择器而言，它的 4 路数据输入为 $D_0 \sim D_3$，输出为 Y，选择控制信号为 S_1, S_0。在 S_1 和 S_0 的控制下，输出 Y 可以是 $D_0 \sim D_3$ 中的某一个。控制信号端 S_1, S_0 实现了对数据的选择，故常将其称为多路选择器的地址输入端。

由图 2.19，可列出 4 路数据选择器的输出函数表达式如下：

表 2.5　四选一 MUX 的功能表

选择输入		数据输入				输出
S_1	S_0	D_0	D_1	D_2	D_3	Y
0	0	D_0	×	×	×	D_0
0	1	×	D_1	×	×	D_1
1	0	×	×	D_2	×	D_2
1	1	×	×	×	D_3	D_3

$$Y = \overline{S_1}\,\overline{S_0}D_0 + \overline{S_1}S_0D_1 + S_1\overline{S_0}D_2 + S_1S_0D_3 = \sum_{i=0}^{3} m_i D_i \tag{2.1}$$

式中，$m_i(i=0,1,2,3)$ 是两个地址输入 (S_1, S_0) 的 4 个最小项。

【例 13】　四选一 MUX 的数字输入波形见图 2.20(a)所示。画出其输出波形。

解　MUX 输出 Y 的波形见图 2.20(b)。

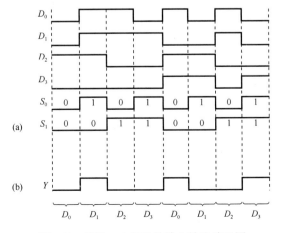

图 2.20　四选一 MUX 的输入输出波形图

对八选一 MUX，则有

$$Y = \sum_{i=0}^{7} m_i D_i \tag{2.2}$$

式中，$D_i(i=0,1,2,\cdots,7)$ 是 8 路选择器的 8 个数据输入端，$m_i(i=0,1,2,\cdots,7)$ 是 3 个地址输入 (S_2, S_1, S_0) 的 8 个最小项。

多路选择器是一种通用性很强的标准化功能构件，它除了在数据通路的设计中用作多路开关外，还可以实现分时多路转换。

2.4.2 数据分配器

数据分配器(DMUX)的功能与多路选择器相反，它是一种单路输入、多路输出的逻辑构件，从哪一路输出则取决于当时的地址控制端输入。

图 2.21 为 1 线-4 线数据分配器的功能框图，图中 D 为数据输入端，S_1, S_0 为选择控制输入端，$f_0 \sim f_3$ 为数据输出端。其逻辑功能示于表 2.6。

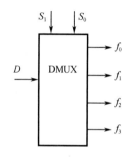

图 2.21　1 线-4 线数据分配器功能框图

表 2.6　数据分配器功能表

输	入	输		出	
S_1	S_0	f_0	f_1	f_2	f_3
0	0	D	1	1	1
0	1	1	D	1	1
1	0	1	1	D	1
1	1	1	1	1	D

思考题　根据功能表 2.6，你能设计 1 线-4 线 DMUX 内部逻辑电路图吗？

【例 14】　利用数据选择器和数据分配器，画出实现 8 路数据传输的逻辑示意图。

解　数据选择器相当于一个多路至 1 路的转换开关，而数据分配器相当于一个 1 路至多路的转换开关。它们的转换都是在地址输入的控制下实现的。因此，把一个数据选择器和一个数据分配器按图 2.22 方式连接起来，就可实现 8 路数据传输，它受地址输入 A, B, C 控制。例如，当 $ABC=101$ 时，实现 $D_5 \to f_5$ 的传输。

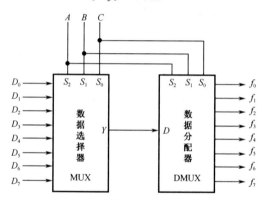

图 2.22　8 路数据传输原理图

2.5 译码器和编码器

2.5.1 译码器

实现译码功能的组合逻辑电路称为译码器，它的输入是一组二进制代码，输出是一组高低电平信号。每输入一组不同的代码，只有一个输出呈现有效状态。因此通常称为多一译码器，它是数字系统中最常用的逻辑构件之一。

常用的译码器集成组件有：双 2 线-4 线译码器，3 线-8 线译码器，4 线-16 线译码器和 4 线-10 线译码器等，其中 4 线-10 线译码器用于 BCD 码译码。

1. 3 线-8 线译码器和 2 线-4 线译码器

图 2.23(a)示出了 3 线-8 线译码器的逻辑电路图。它有三个数据输入端(D_2, D_1, D_0)，8 个输出端($\bar{Y}_0 \sim \bar{Y}_7$)，另有 3 个使能输入端(一个高电平有效和两个低电平有效)。其功能表如表 2.7 所示。由功能表看出，译码器可对 8 线中的某一线进行译码，究竟译哪条线，要看 D_2, D_2, D_0 三个数据输入和 G_1, G_{2A}, G_{2B} 三个使能输入的条件而定。在作为译码器使用时，使能端必须满足 $G_1=1$，$G_2=G_{2A}+G_{2B}=0$ 的条件。当某一线输出为低电平时，对应的一组数据线输入信号被译码。

表 2.7 74LS138 功能表

使能输入		数据输入			译码输出							
G_1	G_2	D_2	D_1	D_0	$\bar{Y}_0$	$\bar{Y}_1$	$\bar{Y}_2$	$\bar{Y}_3$	$\bar{Y}_4$	$\bar{Y}_5$	$\bar{Y}_6$	$\bar{Y}_7$
×	1	×	×	×	1	1	1	1	1	1	1	1
0	×	×	×	×	1	1	1	1	1	1	1	1
1	0	0	0	0	0	1	1	1	1	1	1	1
1	0	0	0	1	1	0	1	1	1	1	1	1
1	0	0	1	0	1	1	0	1	1	1	1	1
1	0	0	1	1	1	1	1	0	1	1	1	1
1	0	1	0	0	1	1	1	1	0	1	1	1
1	0	1	0	1	1	1	1	1	1	0	1	1
1	0	1	1	0	1	1	1	1	1	1	0	1
1	0	1	1	1	1	1	1	1	1	1	1	0

注：$G_2=G_{2A}+G_{2B}$，1 为高电平，0 为低电平，×为任意。

图 2.23(b)示出了 2 线-4 线译码器的逻辑图，在一个封装的芯片中有两个独立的 2 线-4 线译码器。它只有一个使能输入端 G，其工作原理与 3 线-8 线译码器类似。

思考题 计算机最多连接 256 个外部设备，故用 8 位设备地址 A_7—A_0 译码来确定选中某一外设，请提出一种译码器方案。

2. 七段数字译码显示系统

在数字系统中，人们常常采用简易数字显示电路，将测量或运算结果用数码直接显示出来，以便监视系统工作情况。图 2.24 是采用七段荧光数码管的显示系统，它由译码/驱动器 74LS48 和共阴极荧光数码管 BS201A 组成。

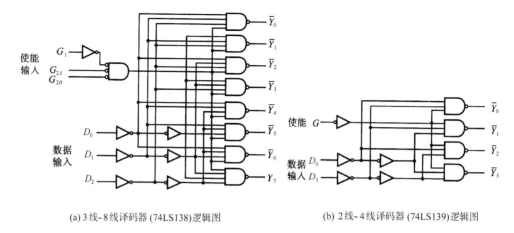

(a) 3线-8线译码器 (74LS138) 逻辑图　　　　(b) 2线-4线译码器 (74LS139) 逻辑图

图 2.23　3 线-8 线和 2 线-4 线译码器

荧光数码管是分段式半导体显示器件，7 个发光二极管组成 7 个发光段。当外加正向电压时，发光二极管可以将电能转换成光能，从而发出清晰悦目的光线。发光二极管显示电路有两种连接方式：一种是 7 个发光二极管共用一个阳极，称为共阳极电路。另一种是 7 个发光二极管共用一个阴极，称为共阴极电路，如图 2.25 所示。BS201A 采用了共阴极电路，故译码器的输出 $a \sim g$ 分别加到 7 个阳极上，但只有在阳极上呈高电平的二极管导通发光，显示 $0 \sim 9$ 中相应的十进制数字。

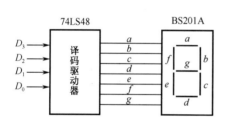

图 2.24　七段数字显示系统原理图

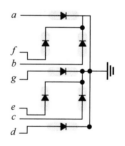

图 2.25　共阴极电路

74LS48 是中规模 BCD 码七段显示译码/驱动器，可提供较大的电流流过发光二极管。表 2.8 列出了 74LS48 的译码功能表。4 个输入信号 $D_3 \sim D_0$，对应四位二进制码输入；7 个输出信号 $a \sim g$，对应七段字形。译码输出为 1 时，荧光数码管的相应字段点亮。例如 $D_3D_2D_1D_0 = 0001$ 时译码器输出 b 和 c 为 1，故将 b 段、c 段点亮，显示数字"1"。当 $D_3D_2D_1D_0 = 0101$ 时译码器输出 a, c, d, f, g 为 1，故将对应的各段点亮，显示数字"5"。

表 2.8　74LS48 逻辑功能表

输　　入				输　　出							显示字符
D_3	D_2	D_1	D_0	a	b	c	d	e	f	g	
0	0	0	0	1	1	1	1	1	1	0	0
0	0	0	1	0	1	1	0	0	0	0	1
0	0	1	0	1	1	0	1	1	0	1	2

续表

输　入				输　出							显示字符
D_3	D_2	D_1	D_0	a	b	c	d	e	f	g	
0	0	1	1	1	1	1	1	0	0	1	3
0	1	0	0	0	1	1	0	0	1	1	4
0	1	0	1	1	0	1	1	0	1	1	5
0	1	1	0	0	0	1	1	1	1	1	6
0	1	1	1	1	1	1	0	0	0	0	7
1	0	0	0	1	1	1	1	1	1	1	8
1	0	0	1	1	1	1	0	0	1	1	9

2.5.2　编码器

在数字系统中，要对所处理的信息或数据赋予二进制代码，称为编码。用来完成编码工作的电路就称为编码器。前述的译码器实现的是"多对一"译码，而编码器则实现"一对多"译码。

1. 普通编码器

图 2.26 所示为一个普通编码器的结构框图(a)和逻辑图(b)。编码器的每个输入端可连接一个代表十进制数符的信号。有 4 条输出线，组成 BCD 码，其中 D_3 为高位，D_0 为低位。真值表如表 2.9 所示。

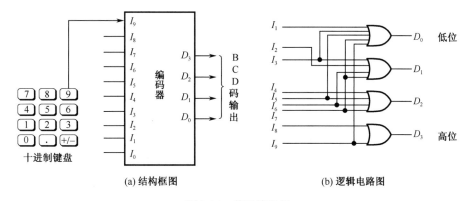

(a) 结构框图　　　　　　　　　(b) 逻辑电路图

图 2.26　普通编码器

表 2.9　普通编码器真值表

输　入	输出 BCD 码			
十进制数字信号	D_3	D_2	D_1	D_0
I_0	0	0	0	0
I_1	0	0	0	1
I_2	0	0	1	0
I_3	0	0	1	1
I_4	0	1	0	0
I_5	0	1	0	1

续表

输　　　入	输出 BCD 码			
十进制数字信号	D_3	D_2	D_1	D_0
I_6	0	1	1	0
I_7	0	1	1	1
I_8	1	0	0	0
I_9	1	0	0	1

由真值表可以写出 BCD 码输出函数的表达式：

$$D_3=I_8+I_9$$
$$D_2=I_4+I_5+I_6+I_7$$
$$D_1=I_2+I_3+I_6+I_7$$
$$D_0=I_1+I_3+I_5+I_7+I_9$$

当某一条输入线上有信号 1 时，电路将输出与该十进制数相对应的二进制码。例如，第 I_6 线上有信号 1 时，$D_3D_2D_1D_0$ 输出 $0110=(6)_{10}$，而当 $I_1 \sim I_9$ 线都无信号时(均为 0)，$D_3D_2D_1D_0$ 输出为 0000。因此该电路是将十进制数符 0～9 编成 BCD 码的编码电路。

2. 优先编码器

普通编码器对输入线是有限制的，即在任意一时刻所有输入线中只允许一个输入线上有信号，否则编码器将发生混乱。为了解决这一问题，可采用优先编码器，它允许多个输入信号同时有效。设计时预先对所有输入按优先顺序进行排队，当多个输入同时有效时，只对其中优先级别最高的输入信号编码，而对级别较低的输入信号不予理睬。

表 2.10 列出了优先编码器 74LS148 功能表，它是 8 线-3 线编码器。其中 EI,EO 两个信号端用来扩展用。

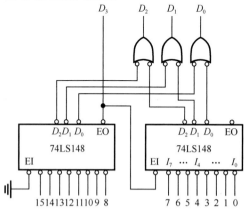

图 2.27　2 片 74LS148 组成优先编码器

从功能表看出，输入输出的有效信号都是低电平。在输入中，角标越大，优先级越高，$\overline{I}_7$ 优先级最高。当 $\overline{I}_7=0$ 时，不管其他输入是什么，都是对 $\overline{I}_7$ 编码，$\overline{D}_2\overline{D}_1\overline{D}_0 =000$($\overline{I}_7$ 的反码)，即 $I_7=111$。当输入 $\overline{I}_7=1$，$\overline{I}_6=0$ 时，不管其他输入是什么，都是对 $\overline{I}_6$ 编码，$\overline{D}_2\overline{D}_1\overline{D}_0 =001$，即 $I_6=110$。其余类推。

图 2.27 画出了 74LS148 的逻辑符号及其扩展连接图，其中 EI 为允许输入，EO 为允许输出。两片 74LS148 扩展成 16 线-4 线优先编码器(原码输出)。

表 2.10   8 线-3 线优先编码器 74LS148 功能表

十进制数字信号输入								二进制数反码输出			控制	
$\bar{I_0}$	$\bar{I_1}$	$\bar{I_2}$	$\bar{I_3}$	$\bar{I_4}$	$\bar{I_5}$	$\bar{I_6}$	$\bar{I_7}$	$\bar{D_2}$	$\bar{D_1}$	$\bar{D_0}$	EI	EO
1	1	1	1	1	1	1	1	1	1	1	1	0
×	×	×	×	×	×	×	0	0	0	0	0	1
×	×	×	×	×	×	0	1	0	0	1	0	1
×	×	×	×	×	0	1	1	0	1	0	0	1
×	×	×	×	0	1	1	1	0	1	1	0	1
×	×	×	0	1	1	1	1	1	0	0	0	1
×	×	0	1	1	1	1	1	1	0	1	0	1
×	0	1	1	1	1	1	1	1	1	0	0	1
0	1	1	1	1	1	1	1	1	1	1	0	1

【例 15】   设计十进制数字键盘的编码逻辑。

解   图 2.28 画出了十进制数字键盘的编码逻辑。键盘上有 10 个数字按键，每一个十进制数字代表一个二进制按键开关。二进制按键开关通过一个电阻连接到直流电源+V 上。当某一个二进制按键开关按下时(例如十进制数"9")I_9 线上产生一个低电平，而其他的输入线均为高电平。$I_1 \sim I_9$ 输入信号同时送至优先编码器 74HC147 进行编码，最后输出 BCD码 $\bar{D_3}\bar{D_2}\bar{D_1}\bar{D_0}$ =0110(反码值)，其原码为 1001，即完成十进制数"9"的编码。

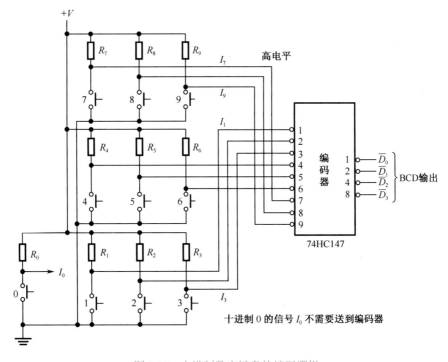

图 2.28   十进制数字键盘的编码逻辑

思考题   为什么十进制数字"0"的键盘信号 I_0 不送到编码器？

2.6   数据比较器和加法器

2.6.1   数据比较器

在数字系统中，经常需要比较两个数的大小，这两个数可以是二进制数，也可以是其他进制数的代码。如果是其他进制数，先要转换成二进制数。用来完成两组二进制数码大小比较的逻辑电路，称为数据比较器。

图 2.29(a) 所示为 4 位数据比较器(COMP)的逻辑功能框图。输入的一组二进制数 $A_3A_2A_1A_0$(A_3 为高位)，另一组二进制数为 $B_3B_2B_1B_0$(B_3 为高位)。两组数比较的结果，只能是输出 $A>B$，$A=B$，$A<B$ 三种情况中的一种。例如 $B_3B_2B_1B_0$=0111，$A_3A_2A_1A_0$=0011，则输入 $A<B$ 端为高电平，$A=B$ 端和 $A>B$ 端为低电平。

图 2.29(b) 是 4 位比较器 74HC85 的逻辑符号与引脚图。它是 16 脚的封装，引脚编号列在外边括号内。

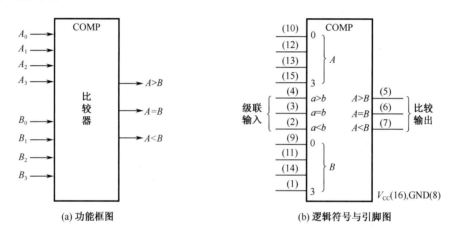

(a) 功能框图   (b) 逻辑符号与引脚图

图 2.29   4 位二进制数比较器

表 2.11 列出 4 位比较器 74HC85 的功能表。从功能表看出，当两个 4 位数比较时，先比较最高位，最高位相同时比较次高位，依此类推。例如：

$a_3>b_3$ 时，不管其他输入如何，必有输出 $(A>B)$=1。

$a_3=b_3$，$a_2>b_2$ 时，必有输出 $(A>B)$=1。

$a_3=b_3$，$a_2=b_2$，$a_1>b_1$ 时，必有输出 $(A>B)$=1。

$a_3=b_3$，$a_2=b_2$，$a_1=b_1$，$a_0>b_0$ 时，必有输出 $(A>B)$=1。

功能表的最下面三行表示，比较输出还与级联输入有关。在进行 4 位数比较时，必须将级联输入 $a<b$ 和 $a>b$ 接地，$a=b$ 接高电平。级联输入端用于 4 位比较器的扩展。

当比较位数超过 4 位时，可以将两片或多片 74HC85 级联使用。例如，将两片 4 位比较器组成 8 位比较器，此时，低 4 位和高 4 位输入信号，分别加到两个比较器的输入端，低 4 位比较器的三个输出分别对应接到高 4 位比较器的三个级联输入端 $a>b$，$a=b$，$a<b$。比较结果则由高 4 位比较器输出端输出。

表 2.11　4 位比较器 74HC85 功能表

比较输入				级联输入			输　　出		
a_3b_3	a_2b_2	a_1b_1	a_0b_0	$a>b$	$a<b$	$a=b$	$A>B$	$A<B$	$A=B$
$a_3>b_3$	×	×	×	×	×	×	1	0	0
$a_3<b_3$	×	×	×	×	×	×	0	1	0
$a_3=b_3$	$a_2>b_2$	×	×	×	×	×	1	0	0
$a_3=b_3$	$a_2<b_2$	×	×	×	×	×	0	1	0
$a_3=b_3$	$a_2=b_2$	$a_1>b_1$	×	×	×	×	1	0	0
$a_3=b_3$	$a_2=b_2$	$a_1<b_1$	×	×	×	×	0	1	0
$a_3=b_3$	$a_2=b_2$	$a_1=b_1$	$a_0>b_0$	×	×	×	1	0	0
$a_3=b_3$	$a_2=b_2$	$a_1=b_1$	$a_0<b_0$	×	×	×	0	1	0
$a_3=b_3$	$a_2=b_2$	$a_1=b_1$	$a_0=b_0$	1	0	0	1	0	0
$a_3=b_3$	$a_2=b_2$	$a_1=b_1$	$a_0=b_0$	0	1	0	0	1	0
$a_3=b_3$	$a_2=b_2$	$a_1=b_1$	$a_0=b_0$	0	0	1	0	0	1

【例 16】　使用 74HC85 比较器组成 8 位比较器。

解　需要 2 片 74HC85 比较器，才能组成 8 位比较器。它们的级联扩展见图 2.30 所示。

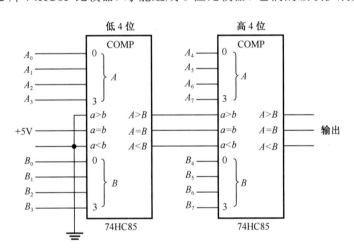

图 2.30　使用 2 片 74HC85 组成 8 位比较器

思考题　你能利用 74HC85 组成 16 位比较器吗？

2.6.2　加法器

加法器是计算机或其他数字系统中对二进制数进行运算处理的组合逻辑构件。按进位信号产生的方法不同，可分为串行加法器和并行加法器两种。

1．串行加法器

串行加法器逻辑结构如图 2.31(a) 所示，它由多个全加器(FA)串行连接而成。每一个 FA 是一位加法器，有三个输入(加数 A_i，被加数 B_i，低位的进位信号 C_{i-1})，两个输出(和数 S_i，向高位的进位信号 C_i)，其真值表如表 2.12 所示。从真值表可得到一位全加器 FA 的逻辑表达式：

$$S_i = A_i \oplus B_i \oplus C_{i-1} \tag{2.3}$$

$$C_i = A_i B_i + A_i C_{i-1} + B_i C_{i-1} = A_i B_i + (A_i \oplus B_i) C_{i-1} \tag{2.4}$$

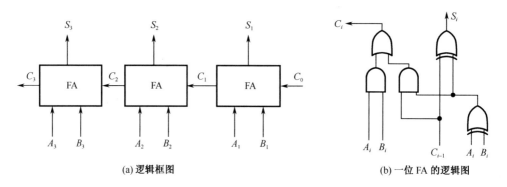

(a) 逻辑框图　　　　　　　　　　　　　(b) 一位 FA 的逻辑图

图 2.31　串行加法器框图

表 2.12　FA 真值表

A_i	B_i	C_{i-1}	S_i	C_i
0	0	0	0	0
0	0	1	1	0
0	1	0	1	0
0	1	1	0	1
1	0	0	1	0
1	0	1	0	1
1	1	0	0	1
1	1	1	1	1

根据求和表达式 S_i 和进位表达式 C_i，我们采用异或门、二输入与门、二输入或门三种器件，可画出一位全加器 FA 的逻辑电路图，如图 2.31(b) 所示。

思考题　假设与门、或门延迟时间 $\overline{t_y}$=10ns，异或门延迟时间 $\overline{t_y}$=30ns，串行加法器位数 32 位，完成一次加法运算的时间是多少？

2. 并行加法器

串行加法器须将低位全加器产生的进位信号逐位向高一位全加器上传递。因此，加法器求和的最高位输出必须等到各位进位信号逐位传递后才能形成，工作速度很慢。为了提高工作速度，可采用 4 位超前进位并行加法器 74LS283，其逻辑图示于图 2.32。

设两个加数 $A=A_4 A_3 A_2 A_1$，$B=B_4 B_3 B_2 B_1$。并行加法器表达式如下：

$$S_1 = A_1 \oplus B_1 \oplus C_0, \qquad C_1 = A_1 B_1 + (A_1 \oplus B_1) C_0$$

$$S_2 = A_2 \oplus B_2 \oplus C_1, \qquad C_2 = A_2 B_2 + (A_2 \oplus B_2) C_1$$

$$S_3 = A_3 \oplus B_3 \oplus C_2, \qquad C_3 = A_3 B_3 + (A_3 \oplus B_3) C_2$$

$$S_4 = A_4 \oplus B_4 \oplus C_3, \qquad C_4 = A_4 B_4 + (A_4 \oplus B_4) C_3$$

设 G_i 为进位生成项，P_i 为进位传递项，即有

$$G_i = A_i B_i, \qquad P_i = A_i \oplus B_i \tag{2.5}$$

则

$$C_i = G_i + P_i C_{i-1} \tag{2.6}$$

采用递推公式，进位表达式变为

$$C_1 = G_1 + P_1 C_0$$

$$C_2 = G_2 + P_2 C_1 = G_2 + P_2 G_1 + P_2 P_1 C_0$$

$$C_3=G_3+P_3C_2=G_3+P_3G_2+P_3P_2G_1+P_3P_2P_1C_0$$

$$C_4=G_4+P_4C_3=G_4+P_4G_3+P_4P_3G_2+P_4P_3P_2G_1+P_4P_3P_2P_1C_0$$

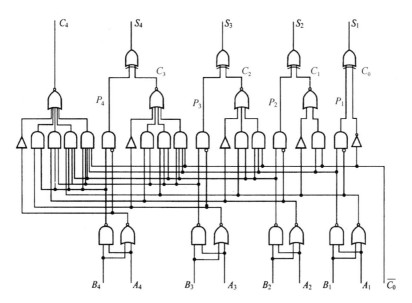

图 2.32   4 位超前进位加法器 74LS283 逻辑图

各位和的输出为

$$S_i=P_i\oplus C_{i-1} \tag{2.7}$$

进位表达式表明，最低位的进位信号 C_0 可以超前传送到 C_4，S_4 等各位上，从而大大加快了进位信号的传递时间。

思考题   与门 $\overline{t_y}$=10ns，或非门 $\overline{t_y}$=20ns，异或门 $\overline{t_y}$=30ns，并行加法器位数 4 位，完成一次加法运算的时间是多少？

2.7   奇偶校验器

2.7.1   奇偶校验的基本原理

在数字通信中，二进制信息的传输可能出现差错(1 变 0，0 变 1)。为了检验这种错误，常用的方法是一个字节的数据附加一个校验位，使 1 的个数成奇数(奇校验)或偶数(偶校验)。

为了在所给的代码中产生或校验奇偶的正确性，经常应用这样一个基本原理：

偶数个 1,它的和数总是 0；奇数个 1,它的和数总是 1。

因此，根据所给的代码中全部位数相加的和数来进行奇校验或偶校验。我们知道，2 比特求和可用 1 个异或门来产生，4 比特求和可用 3 个异或门来产生，如图 2.33 所示。依此类推。当输入中 1 的数目为奇数时，则输出 X 为 1(高电平)；当输入中 1 的数目为偶数时，则输出 X 为 0(低电平)。

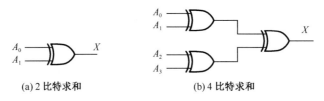

(a) 2 比特求和   (b) 4 比特求和

图 2.33   代码比特数求和逻辑

2.7.2　具有奇偶校验的数据传输

图 2.34 示出芯片 74LS280 奇偶数校验发生器/校验器的逻辑框图，它用于 9 位的码组（8 个数据位 $I_0 \sim I_7$ 和 1 个校验位 I_8），有 2 个输出 F_{ev} 和 F_{od}。当 9 个输入中 1 的个数为奇数时 $F_{od}=1$（高电平），$F_{ev}=0$（低电平）；当 9 个输入中 1 的个数为偶数时 $F_{ev}=1$，$F_{od}=0$。显然这两个监督输出信号是互斥的。表 2.13 列出 74LS280 功能表。

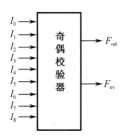

图 2.34   74LS280 逻辑框图

表 2.13   74LS280 功能表

输　　入	输　　出	
$I_0 \sim I_8$ 中 1 的个数	F_{od}	F_{ev}
偶数(0,2,4,6,8)	0	1
奇数(1,3,5,7,9)	1	0

【例 17】　图 2.35 所示为利用两片 9 位奇偶校验器 74LS280 实现 8 位数据传输的系统。在信号的发送端发送的信息码由两部分组成，一部分是原来信息码 $I_0 \sim I_7$，另一部分是一位校验位 I_8。此处采用奇校验（$I_8=1$），因此发送端的 74LS280 芯片用来产生 9 位码组中的奇监督位 F_{od} 信号：

$$F_{od}=(I_0 \oplus I_1 \oplus I_2 \oplus I_3 \oplus I_4 \oplus I_4 \oplus I_6 \oplus I_7) \oplus I_8$$

F_{od} 的取值使 9 位码组中 1 的个数成奇数，即按 74LS280 功能表：

9 位码组中 1 的个数为奇数时，$F_{od}=1$。

9 位码组中 1 的个数为偶数时，$F_{od}=0$。

在接收端，第二片 74LS280 对接收的 9 位码组进行奇校验，产生 F_{ev} 判别信号，以判定传输是否出错：

$$F_{ev}=\overline{(I_0 \oplus I_1 \oplus I_2 \oplus I_3 \oplus I_4 \oplus I_5 \oplus I_6 \oplus I_7) \oplus I_8}$$

如果 $F_{ev}=0$，表明码组中 1 的个数为奇数，传送正确。

如果 $F_{ev}=1$，表明码组中 1 的个数不是奇数，传送错误。例如 CAI 演示中最上面的 1 位信息码传输中出错，因而导致 $F_{ev}=1$。

奇偶校验时，如果有两位同时出错，则不能检测。不过两位同时出错的概率很小，故奇偶校验被广泛应用。

9 位奇偶校验器 74LS280 既适用于奇校验，也适用于偶校验；既用于校验位的产生，也用于奇偶性的校验。其功能列于表 2.13 中。

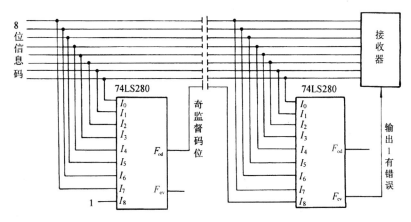

图 2.35　具有奇校验的数据传输

思考题　你能画出 74LS280 的内部逻辑图吗?

小　　结

组合逻辑电路是由各种门电路组合而成的逻辑电路。该电路的输出只与当时的输入状态有关,而与电路过去的输入状态无关。

组合逻辑分析,就是根据给定的逻辑电路图找出输出函数与输入变量之间的逻辑关系。通常的方法是:写出整个电路的输出函数逻辑表达式,或从逻辑表达式进一步求出函数值,列出真值表。组合逻辑设计,就是根据逻辑功能的要求,得到实现该功能的最优逻辑电路。工程上最优的逻辑设计,往往不能用一个或几个简单指标来描述,而要考虑应用的特殊要求。随着中大规模集成电路和可编程逻辑器件的出现和成本的降低,追求最少门数将不再成为最优设计指标,而转为追求集成块数的减少。

常用的标准组合逻辑构件有数据选择器、数据分配器、译码器、编码器、数码比较器、加法器、奇偶校验器等。它们不仅是计算机中的基本逻辑功能构件,而且也常常应用于其他数字系统中。在高密度可编程逻辑器件出现后,它们又成为软件工具库中的标准元件以供调用,因此必须掌握它们的逻辑结构和功能。

习　　题

1. 分析图 P2.1 所示的逻辑电路,写出表达式并进行简化。

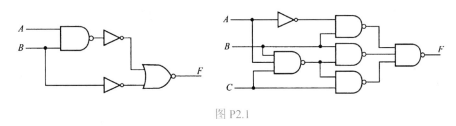

图 P2.1

2. 分析图 **P2.2** 所示逻辑电路，其中 S_3, S_2, S_1, S_0 为控制输入端，列出真值表，说明 F 与 A, B 的关系。

3. 分析图 **P2.3** 所示逻辑电路，列出真值表，并说明其逻辑功能。

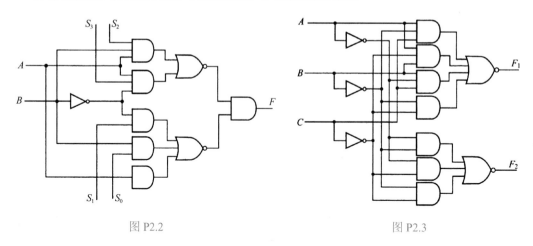

图 P2.2   图 P2.3

4. 图 **P2.4** 所示为数据总线上的一种判零电路，写出 F 的逻辑表达式，说明该电路的逻辑功能。

5. 分析图 **P2.5** 所示逻辑电路，列出真值表，说明其逻辑功能。

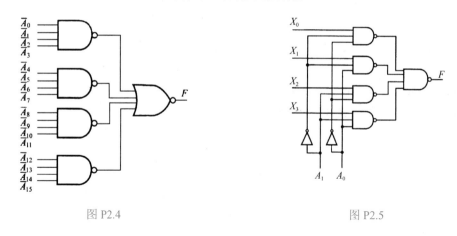

图 P2.4   图 P2.5

6. 图 **P2.6** 所示为两种十进制数代码转换器，输入为余 3 码，分析输出是什么代码。

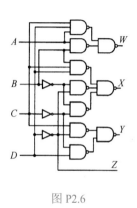   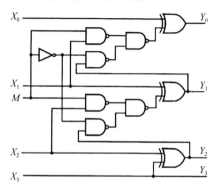

图 P2.6   图 P2.7

7. 图 P2.7 所示是一个受 M 控制的 4 位二进制码和循环码的相互转换电路。$M=1$ 时，完成何种转换？$M=0$ 时，完成何种转换？请分析之。

8. 已知输入信号 A，B，C，D 的波形如图 P2.8 所示，选择适当的逻辑门电路，设计产生输出 F 波形的组合电路(输入无反变量)。

9. 用红、黄、绿三个指示灯表示三台设备的工作情况：绿灯亮表示全部正常；红灯亮表示有一台不正常，黄灯亮表示两台不正常；红、黄灯全亮表示三台都不正常。列出控制电路真值表，并选用合适的逻辑门电路来实现。

10. 用两片双四选一数据选择器和与非门实现循环码至 8421BCD 码转换。

11. 用一片 74LS148 和与非门实现 8421BCD 优先编码器，画出电路连接图。

12. 选用适当门电路，设计 16 位串行进位加法器，要求进位链速度最快，计算一次加法时间。

13. 用一片 4 线-16 线译码器将 8421BCD 码转换为余 3 码，写出表达式。

14. 使用一个 4 位二进制加法器设计 8421BCD 码转换为余 3 码的代码转换器。

15. 用 74LS283 加法器和逻辑门设计实现一位 8421BCD 码加法器电路，输入输出均是 BCD 码。CI 为低位的进位信号，CO 是向高位的进位信号，输入为两个 1 位十进制数 A 和 B，输出用 S 表示。

16. 设计二进制码/格雷码转换器。输入为二进制码 $B_3B_2B_1B_0$，输出为格雷码 $G_3G_2G_1G_0$，$\overline{EN}$ 为转换使能端，$\overline{EN}=0$ 时执行二进制码→格雷码转换；$\overline{EN}=1$ 时输出为高阻。

17. 设计七段译码驱动器的内部逻辑电路，驱动输出用于共阴极发光数码管。

18. 设计一个血型配对指示器。输血时供血者和受血者的血型配对情况如图 P2.9 所示。为了避免输血反应，供血者和受血者的血型必须满足：① 同一血型之间可以相互输血；② AB 型受血者可以接受任何血型的输血；③ O 型输血者可以给任何血型的受血者输血。

要求当供血者血型与受血者血型符合要求时绿指示灯亮；反之，红指示灯亮。

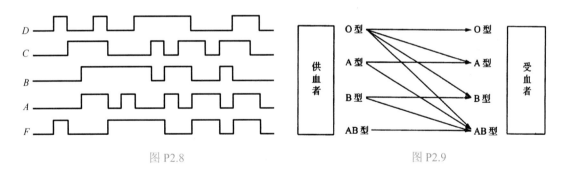

图 P2.8   图 P2.9

19. 设 A，B，C 为保密锁的 3 个按键，当 A 键单独按下时，锁既不打开也不报警；只有当 A，B，C 或者 A，B 或者 A，C 分别同时按下时，锁才能被打开；当不符合上述组合状态时，将发出报警信息。请设计此保密锁的逻辑电路(F 为开锁信号，G 为报警信号)。

(1)列出真值表；

(2)用卡诺图求最简逻辑表达式；

(3)画出用与非门实现的电路图。

第**3**章

时 序 逻 辑

时序逻辑电路在结构上一定包含锁存器或触发器，而且它的输出往往反馈到输入端，与输入变量一起决定电路的输出状态。时序逻辑电路的特点是：任意时刻输出不仅取决于该时刻输入变量的状态，而且还与原来的状态有关。因此时序逻辑电路具有记忆功能，这是它与组合逻辑电路的本质区别。

数字系统中最常用的时序逻辑构件有寄存器、移位寄存器、计数器、时序信号发生器等，而组成这些逻辑构件的基本单元是锁存器或触发器。本章采用先易后难、由特殊到一般的方法，首先介绍它们的基本原理和逻辑功能，在此基础上，讨论一般时序逻辑电路的分析方法和设计方法。

本章内容是本书的重点和难点，学习时应注意掌握状态方程、功能表、波形图、状态表、状态图等分析设计工具。

3.1 锁 存 器

3.1.1 锁存器的基本特性

锁存器在电路上具有两个稳定的物理状态，所以它们能记忆一位二进制数。各种类型的锁存器的逻辑符号如图 3.1 所示，它们具有以下特性：

(1)有两个互补的输出端 Q 和 $\overline{Q}$。当 Q=1 时，$\overline{Q}$=0；而当 Q=0 时，$\overline{Q}$=1。

(2)有两个稳定状态。通常将 Q=1 和 $\overline{Q}$=0 称为"1"状态，而把 Q=0 和 $\overline{Q}$=1 称为"0"状态。若输入不发生变化，锁存器必定处于其中一个状态，并且长期保持下去。

(3)在输入信号的作用下，锁存器可以从一个稳定状态转换到另一个稳定状态。

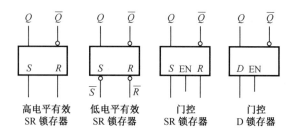

图 3.1 锁存器逻辑符号

我们把输入信号发生变化之前的锁存器状态称为现态(PS)，用 Q^n 和 $\overline{Q}^n$ 来表示，而把输入信号发生变化后锁存器所进入的状态，称为次态(NS)，用 Q^{n+1} 和 $\overline{Q}^{n+1}$ 来表示。若用 X 来表示输入信号的集合，则锁存器的次态是它的现态和输入信号的函数，即

$$Q^{n+1}=f(Q^n, X) \tag{3.1}$$

式(3.1)称为锁存器的次态方程，又称状态方程，它是描述时序电路的通用表达式。由于每一种具体的锁存器都有自己特定的状态方程，因此，也称为特征方程。

常用的锁存器有基本 SR 锁存器、门控 SR 锁存器和门控 D 锁存器。

3.1.2 基本 SR 锁存器

基本 SR 锁存器有以下三种形式，逻辑图如图 3.2 所示。其中图(a)和图(b)是输入低电平有效，图(c)是输入高电平有效。

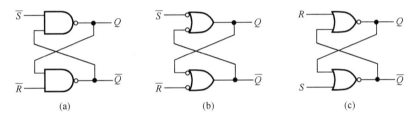

图 3.2 基本 SR 锁存器逻辑图

集成电路 74LS279 中有 4 个图(a)形式的 SR 锁存器，每一个锁存器由两个与非门交叉连接而成。注意，输入信号采用 $\overline{S}$,$\overline{R}$ 形式，它表示低电平有效。这是因为与非门是输入低电平控制的器件，即有一个输入为 0 时，输出就一定为 1。

表 3.1 列出 279 中锁存器的功能表。从表中看出，$\overline{S}\,\overline{R}$ =00 组合时，锁存器的状态是不稳的，因为 $Q^{n+1}=\overline{Q}^{n+1}=1$，不符合互补输出的条件。而 $\overline{S}\,\overline{R}$ =11 组合时为保持状态，锁存器 $Q^{n+1}=Q^n$，状态没有改变。只有 $\overline{S}$ =0 时，锁存器置"1"；$\overline{R}$ =0 时，锁存器置"0"。

表 3.1 SR 锁存器功能表

输　入		输　出		Q^{n+1}
$\overline{S}$	$\overline{R}$	Q	$\overline{Q}$	
0	0	1	1	不稳
0	1	1	0	置 1
1	0	0	1	置 0
1	1	Q^n	$\overline{Q}^n$	保持

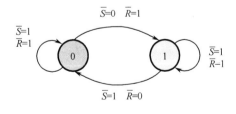

图 3.3 基本 SR 锁存器状态转换图

SR 锁存器的状态方程如下：

$$\left.\begin{array}{l} Q^{n+1} = \overline{\overline{S}} + \overline{R}Q^n \\ \overline{S} + \overline{R} = 1 \end{array}\right\} \tag{3.2}$$

式中，$\bar{S} + \bar{R} = 1$ 称为 SR 锁存器的约束条件。

图 3.3 表示基本 SR 锁存器的状态转换图。两个圆圈分别表示锁存器处在"0"状态或"1"状态，箭头表示锁存器由现态转向次态的方向，箭头曲线旁边的文字说明状态转换的条件。状态转换图是时序逻辑中状态变化的一种描述工具。与波形图描述工具一样，它们具有很强的动态性和直观性，要求读者掌握这两种描述工具。

【例 1】   基本 SR 锁存器中 $\bar{S}$ 和 $\bar{R}$ 输入波形如图 3.4(a)所示，画出输出 Q 和 $\bar{Q}$ 端的波形图。

解   输出 Q 和 $\bar{Q}$ 的波形图见图 3.4(b)所示，两者遵循互补输出的条件。

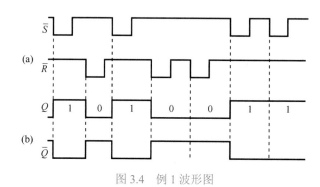

图 3.4   例 1 波形图

3.1.3   门控 SR 锁存器

门控 SR 锁存器的逻辑图如图 3.5(a)所示。它是在基本 SR 锁存器的基础上加以改进，加了一级输入与非门，由允许使能控制信号 EN 进行控制。EN 有效时，锁存器才接收数据输入信号；EN 无效时，锁存器拒绝接收数据输入信号。例如，数据输入 $S=1$，且 EN=1 有效时，则锁存器置"1"；如果 $S=1$，EN=0，则锁存器不接收 S 数据信号。同样，当数据输入 $R=1$，且 EN=1 有效时，锁存器置"0"。图 3.5(b)示出门控 RS 锁存器的状态转换图。注意，使能信号 EN 是电位信号，只有在 EN=1 高电平时，锁存器才能允许接收数据输入信号，但先决条件是数据输入信号 S 或 R 先必须有效。

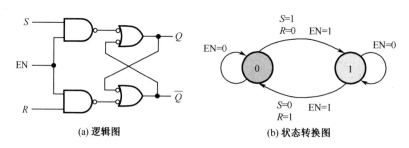

(a) 逻辑图   (b) 状态转换图

图 3.5   门控 SR 锁存器

表 3.2 为门控 SR 锁存器的功能表。

【例 2】   门控 SR 锁存器的 S, R, EN 输入波形如图 3.6(a)所示，画出 Q 和 $\bar{Q}$ 的波形图。

解 Q 和 $\bar{Q}$ 的波形图见 3.6(b)所示，二者为互补输出。

表 3.2　门控 SR 锁存器功能表

输　　入			输　　出	
EN	S	R	Q^{n+1}	$\overline{Q}^{n+1}$
0	×	×	保持 Q^n 不变	
1	1	0	1	0
1	0	1	0	1

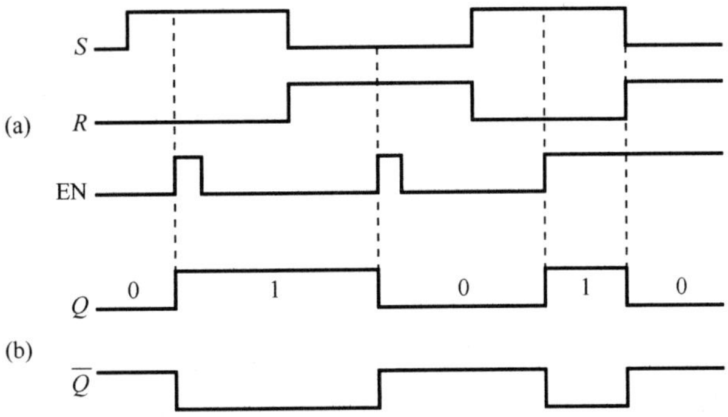

图 3.6　例 2 波形图

3.1.4　门控 D 锁存器

图 3.7(a)示出门控 D 锁存器的逻辑图。它与门控 SR 锁存器相同处在于第一级都是两个与非门，不同处在于只有一个数据输入端 D。我们发现，D 输入又经一个非门加到原来门控 SR 锁存器的 R 输入端，变成互补输入，所以 D 锁存器是门控 SR 锁存器的一种改进形式。其工作原理是：当数据输入 $D=1$ 且使能控制 EN=1，锁存器置"1"；当 $D=0$ 且 EN=1 时，锁存器置"0"。但先决条件仍然是数据信号 D 先到，使能控制信号 EN 后到。图 3.7(b)画出了 D 锁存器的状态转换图。

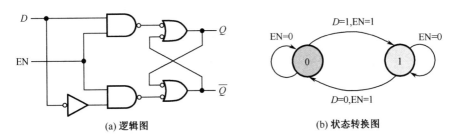

(a) 逻辑图　　　　　　　　　　(b) 状态转换图

图 3.7　门控 D 锁存器

表 3.3 是 D 锁存器的功能表。

思考题　D 锁存器的创新改进，解决了 SR 锁存器存在的什么问题？

表 3.3　D 锁存器功能表

输　入		输　出		说明
D	EN	Q	$\overline{Q}$	
0	1	0	1	置0
1	1	1	0	置1
×	0	Q^n	$\overline{Q}^n$	保持

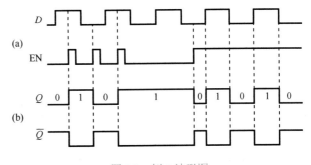

图 3.8　例 3 波形图

【例3】 D 锁存器的数据输入 D 和使能控制信号 EN 的波形如图 3.8(a)所示,画出 Q 和 $\bar{Q}$ 的波形图。

解 Q 和 $\bar{Q}$ 的波形见图 3.8(b)所示,它们是互补的。

3.2 触 发 器

锁存器虽然能记忆一位二进制数,但接收的输入数据是在允许使能信号 EN 控制下进行的。EN 是电位信号,靠高电平来打开第一级输入与非门。如果在 EN=1 期间输入数据受到瞬时干扰发生变化,比如 1 变 0 或 0 变 1,那么锁存器中接收的数据会发生变化。为了提高锁存器工作的可靠性,人们又创新改进,推出了边沿方式工作的触发器。

触发器是一种同步双稳态器件,同样用来记忆一位二进制数。所谓同步,是指触发器的记忆状态按时钟脉冲(CLK)规定的启动指示点(脉冲边沿)来改变。触发器在时钟脉冲的边沿中启动记忆 1 位数据的方法,大大提高了逻辑电路的可靠性和工作速度。因此触发器可取代锁存器,成为应用最广的记忆单元。

触发器可以在时钟脉冲的正沿(上升沿)改变状态,也可以在时钟脉冲的负沿(下降沿)改变状态。图 3.9 示出三种形式的触发器逻辑符号。其中时钟端 C 外面不带小圆圈,表示时钟信号为正脉冲;如果带小圆圈,表示时钟信号为负脉冲。小三角符号的逻辑功能含义是将时钟信号转换成窄脉冲,使触发器按边沿方式工作。

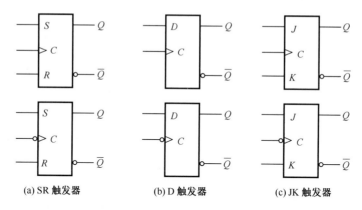

(a) SR 触发器   (b) D 触发器   (c) JK 触发器

图 3.9   触发器逻辑符号

3.2.1   SR 触发器

虽然 SR 触发器没有实际的 IC 产品,但是它是构成 D 触发器和 JK 触发器的基础,因此我们先讲述 SR 触发器的工作原理。

图 3.10(a)所示为正沿 SR 触发器逻辑图。数据输入端 S 和 R 称为同步输入,因为这两个输入的数据只会在时钟脉冲上升沿时被传送到触发器。表 3.4 是 SR 触发器的功能表。其中×表示无关, ↑表示时钟信号由低到高。

当 S 为高 R 为低时, Q 输出在时钟脉冲上升沿变高,触发器置 1。

当 S 为低 R 为高时, Q 输出在时钟脉冲上升沿变低,触发器置 0。

当 S 和 R 两者都为低时, Q 输出状态不会发生变化(保持)。

当 S 和 R 两者都为高时, Q 输出状态是不稳定的。

SR 触发器不同于门控 SR 锁存器的地方在于: 它有一个窄脉冲转换器。其功能是对应时钟脉冲的上升沿而产生一个持续时间很短的窄脉冲, 称为尖锋脉冲。

表 3.4　SR 触发器功能表

输　入			输　出		说明
S	R	CLK	Q	$\bar{Q}$	
0	0	×	Q^n	$\bar{Q}^n$	保持
0	1	↑	0	1	置 0
1	0	↑	1	0	置 1
1	1	↑	?	?	不稳

窄脉冲转换器逻辑电路见图 3.10(b) 所示。时钟信号送到与非门一个输入端, 同时又经反相器加到与非门另一个输入端, 它比真的时钟信号延迟了一个非门时间, 从而使逻辑电路产生了一个宽度为若干毫微秒的窄脉冲。

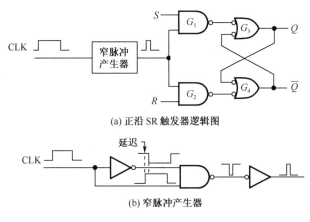

(a) 正沿 SR 触发器逻辑图

(b) 窄脉冲产生器

图 3.10　SR 触发器逻辑图

图 3.10(a) 所示的逻辑分三部分: 除窄脉冲转换器外, 中间部分是控制门, 右边部分是锁存器。控制门 G_1, G_2 输出的窄脉冲送到 G_3 还是 G_4, 取决于 S, R 的数据输入信号。下面分四种情况说明 SR 触发器的工作机理。

(1) 假定触发器原始状态 $Q=0$, 且 S, R, CLK 输入都为低。此时 G_1 门和 G_2 门输出均为高, Q 输出的低电平反馈到 G_4 输入端, 使 $\bar{Q}$ 输出变高。由于 $\bar{Q}$ 是高, G_1 门输出为高, 则保持 Q 输出为 0 态。如果一个脉冲加到时钟端, 则控制门 G_1, G_2 输出仍为高, 这意味着 S 和 R 两个输入的低电平被阻止, 因此触发器的状态没有变化——仍保持 $Q=0$ 状态。

(2) 令 $S=1$, $R=0$, 且加上一个时钟脉冲。当 CLK 变高时, 由于 S 输入为高, G_1 门有效工作, 输出一个负的窄脉冲, 使 Q 输出变高。G_2 门由于输入 R 为低, 则输出变高, 这样使 G_4 门两个输入均为高, 从而使 $\bar{Q}$ 变低。$\bar{Q}$ 的低电平反馈到 G_3 门输入确保 $\bar{Q}$ 输出为低。这意味着触发器变成 $Q=1$ 态。图 3.11(a) 说明了这种情况下触发器内部所标之处的逻辑电平转换。

(3) 令 $S=0$, $R=1$, 且加上一个时钟脉冲。由于 R 输入为高, 时钟脉冲正沿时 G_2 门有效工作, 输出一个负的窄脉冲到 G_4 门, 使 $\bar{Q}$ 输出变高。由于 G_3 门的两个输入现在都是高, 促使 Q 输出变低, 这个低电平反馈到 G_4 门的一个输入端, 保证 $\bar{Q}$ 输出依然为高。这意味着触发器仍处于置 0 态。图 3.11(b) 说明这种情况下触发器内部所标之处的逻辑电平转换。

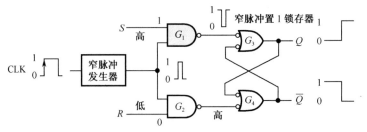

(a) 在时钟上升沿触发器从 0 态变为 1 态

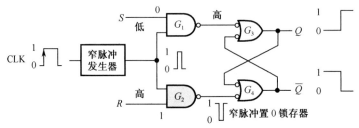

(b) 在时钟上升沿触发器从 1 态变为 0 态

图 3.11　正沿 SR 触发器工作机理

(4) 与门控锁存器一样，当 S 和 R 同时为高时，如果时钟脉冲出现，会使触发器输出 Q 和 $\bar{Q}$ 出现不稳定情况。

【例 4】　SR 触发器的 S、R 和 CLK 输入波形示于图 3.12(a)所示，画出 Q 和 $\bar{Q}$ 的工作波形(假定触发器现态 Q^n 为 0)。

　　解　Q 和 $\bar{Q}$ 的波形示于图 3.12(b)中：

① 在时钟脉冲 1，$S=0$，$R=0$，所以 $Q=Q^n=0$，$\bar{Q}=1$；

② 在时钟脉冲 2，$S=0$，$R=1$，所以 $Q=0$，$\bar{Q}=1$；

③ 在时钟脉冲 3，$S=1$，$R=0$，所以 $Q=1$，$\bar{Q}=0$；

④ 在时钟脉冲 4，$S=0$，$R=1$，所以 $Q=0$，$\bar{Q}=1$；

⑤ 在时钟脉冲 5，$S=1$，$R=0$，所以 $Q=1$，$\bar{Q}=0$

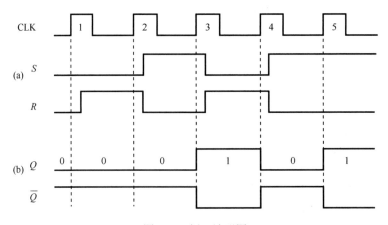

图 3.12　例 4 波形图

3.2.2　D 触发器

D 触发器是在 SR 触发器基础上构建的。我们发现，SR 触发器增加一个非门，就构成一个 D 触发器，如图 3.13(a) 所示。

D 触发器的特点在于只有一个数据输入端 D，经反相器反相后，变成互补数据输入，送到 SR 触发器，从而避免了 RS 触发器存在的问题。由于 D 触发器只有一个数据输入端，使用非常方便，在工程中得到了最广泛的应用。

表 3.5　D 触发器功能表

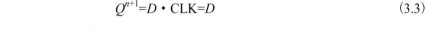

输　入		输　出		说　明
D	CLK	Q	$\bar{Q}$	
1	↑	1	0	置位(存 1)
0	↑	0	1	复位(存 0)

D 触发器的工作原理是：当数据输入 $D=1$，且在时钟脉冲的上升沿，触发器置位(1 状态)；当数据输入 $D=0$，且时钟脉冲的上升沿，触发器复位(0 状态)。图 3.13(b) 画出了 D 触发器的状态转换图。表 3.5 是它的功能表，如用 CLK 表示时钟，且 CLK=1 时，D 触发器的特征方程为

$$Q^{n+1}=D \cdot \text{CLK}=D \tag{3.3}$$

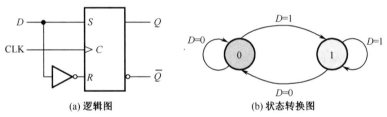

(a) 逻辑图　　　　　　(b) 状态转换图

图 3.13　D 触发器

【例 5】　图 3.14(a) 所示为 D 触发器的数据输入波形，画出输出 Q 和 $\bar{Q}$ 的波形图。

解　Q 和 $\bar{Q}$ 的波形图见图 3.14(b) 所示。

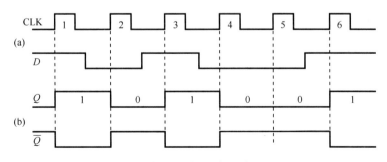

图 3.14　例 5 波形图

3.2.3　JK 触发器

JK 触发器是一种广泛使用的触发器类型。字母 J 和 K 只表示它们是两个数据输入端符号，而没有什么特别的含义。

JK 触发器与 SR 触发器在置位、复位方面的功能是相同的，也没有改变其操作过程。

不同之处在于，JK 触发器改进了 SR 触发器存在的不稳定状态。

图 3.15 示出一种正沿 JK 触发器的内部逻辑。注意，它不同于 SR 触发器的地方在于，G_1 门和 G_2 门都是三个输入端：

① Q 输出反馈连接到 G_2 门的输入端，$\bar{Q}$ 输出反馈连接到 G_1 门的输入端；

② 两个数据输入分别表示 J 和 K；

③ 一个窄脉冲时钟输入信号。

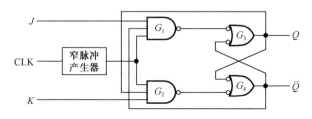

图 3.15　正沿 JK 触发器

下面分四种情况说明 JK 触发器的工作机理。

(1) 见图 3.16 所示，假定触发器现态为 0，令 $J=1$，$K=0$。当时钟脉冲①出现时，产生的窄脉冲①被传送到 G_1 门。由于 $\bar{Q}=1$，$J=1$，G_1 门有效，它输出的窄脉冲①使触发器置 1。

(2) 触发器现态为 1，令 $J=0$，$K=1$，当时钟②出现时，产生的窄脉冲②传送到 G_2 门。由于 $Q=1$，$K=1$，G_2 门有效，它输出的窄脉冲②使触发器置 0。

(3) 触发器现态为 0，令 $J=0$，$K=0$，当时钟③出现时，由于 G_1 门、G_2 门均关闭，没有窄脉冲③输出，触发器处于保持状态。

(4) 触发器现态为 0，令 $J=1$，$K=1$。由于 $Q=0$，$J=1$，G_1 门打开，当时钟④出现时，窄脉冲④使触发器置 1。

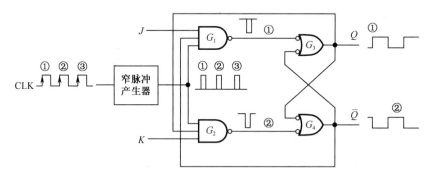

图 3.16　正沿 JK 触发器工作机理

现在 Q 为置 1 态，若 $J=1$，$K=1$ 不变，下一个窄脉冲通过 G_2 门使触发器置 0。由此看到，当 $J=1$，$K=1$ 时，对每一个连续的时钟脉冲，触发器可改变成相反状态或计数状态，这种工作方式称为交替操作。这样，在 JK 触发器中，对数据输入组合不加限制，即 $JK=11$ 是允许的，因而使用起来比 SR 锁存器方便。

表 3.6 列出了正沿 JK 触发器的功能表。图 3.17 示出它的状态转换图。

表 3.6　正沿 JK 触发器功能表

输　入			输　出		说　明
J	K	CLK	Q	$\bar{Q}$	
0	0	↑	Q^n	$\bar{Q}^n$	保持
0	1	↑	0	1	置 0
1	0	↑	1	0	置 1
1	1	↑	$\bar{Q}^n$	Q^n	交替

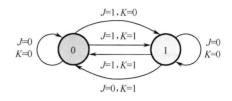

图 3.17　JK 触发器状态转换图

当时钟信号有效时，JK 触发器的特征方程表达式为

$$Q^{n+1} = J\bar{Q}^n + \bar{K}Q^n \tag{3.4}$$

JK 触发器和 D 触发器还带有强置输入端 $\overline{\text{PRE}}$ 和 $\overline{\text{CLR}}$，前者用来使触发器强置 1,后者用来使触发器强置 0，见图 3.18 所示。两个强置输入信号都是低电平有效，且不能同时起作用。由于信号直接加在锁存器上，其优先级要比 J，K 输入信号高，因而触发器的输出状态取决于 $\overline{\text{PRE}}$ 或 $\overline{\text{CLR}}$。这两个强置输入信号也称为异步输入，通常处于高电平。

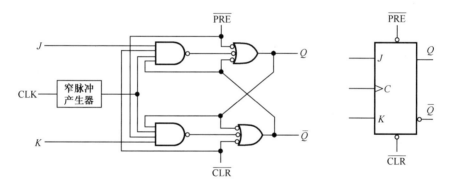

图 3.18　JK 触发器强置输入端 $\overline{\text{PRE}}$ 和 $\overline{\text{CLR}}$

最后指出，构成负沿 JK 触发器时，要对输入的时钟 CLK 信号进行转换，产生一个窄的负脉冲作为触发工作脉冲。芯片 74HC112 中集成了两个负沿 JK 触发器。

【例 6】　图 3.19 所示为芯片 74HC112 负沿 JK 触发器的输入波形，请画出输出端 Q 的波形图。

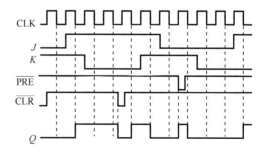

图 3.19　例 6 波形图

解　输出 Q 的波形图见图 3.19 下部所示。触发器输出 Q 在时钟后沿改变状态，出现异步输入 $\overline{\text{CLR}}$ =0 时，输出 Q 强置为 0；出现异步输入 $\overline{\text{PRE}}$ =0 时，输出 Q 强置为 1。

3.2.4 触发器的应用和时间参数

1. 触发器的应用

触发器是构成复杂时序逻辑电路最基本的组成单元。按照触发器在时序逻辑电路中的作用，它的应用主要有以下五个方面：

(1) 用作并行数据寄存器。

一个触发器只存储一位二进制数，若并行存储 n 位二进制数，则需要 n 个触发器。这 n 个触发器按并行方式连接就构成并行数据寄存器，简称寄存器。

(2) 用作计数器。

1 个触发器用作计数器时，可记忆两个状态；2 个触发器按串行方式连接成 2 位计数器时，可记忆 2^2 个状态；n 个触发器按串行方式连接成 n 位计数器时，可记忆 2^n 个状态。这 2^n 个状态数对应了 2^n 个时钟脉冲 CLK。换句话说，计数器记忆时钟脉冲 CLK 的个数。

(3) 用作分频器。

一个触发器接成计数模式按时钟脉冲 CLK 的固定频率工作，若 CLK 的频率为 f_n，则该触发器 Q 端输出信号的频率变为 $f_n/2$。触发器的这种应用称为分频。

(4) 用作时序脉冲产生器。

它由计数器进行改造，产生固定顺序的循环型脉冲序列。

(5) 用作控制器。

它由计数器进行改造，产生数字系统中执行部件所需要的电位控制信号和脉冲控制信号。本书后续章节中，我们详细展开上述应用。

2. 触发器的时间参数

(1) 数据输入信号 (J, K, D) 的时间参数如图 3.20 所示，它要求输入信号在时钟有效边沿之前和之后都有一段稳定不变的时间，否则这个信号就不能可靠写入触发器。这两个时间参数的含义是：

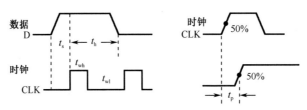

图 3.20 输入信号与输出信号的时间关系

建立时间 t_s 数据输入信号必须在时钟有效边沿之前提前到来的时间。

保持时间 t_h 数据输入信号在时钟有效边沿之后继续保持不变的时间。

(2) 时钟信号的时间参数。

时钟高电平宽度 t_{wh} 时钟信号保持为高电平的最小持续时间。

时钟低电平宽度 t_{wl} 时钟信号保持为低电平的最小持续时间。

时钟信号的宽度和输入信号建立时间、保持时间有关。

t_{wh} 和 t_{wl} 之和是保证触发器能正常工作的最小时钟周期，进而可确定触发器的最高工作频率：

$$f_{\max} \leqslant \frac{1}{t_{wh} + t_{wl}} \tag{3.5}$$

(3)触发器的翻转延迟时间。

触发器的翻转延迟时间 t_p：定义为时钟 CLK 信号幅度 50%到触发器 Q 端输出信号幅度 50%的时间间隔。

表 3.7 列出了 CMOS 和 TTL 四种触发器型号的时间参数值。

表 3.7   CMOS 和 TTL 四种触发器型号的时间参数值(25℃)

时间参数	CMOS		TTL	
	74HC74A	74AHC74	74LS74A	74F74
t_p	17ns	4.6ns	40ns	6.8ns
t_s	14ns	5.0ns	20ns	2.0ns
t_h	3ns	0.5ns	5ns	1.0ns
t_{wh}	10ns	5.0ns	25ns	4.0ns
t_{wl}	10ns	5.0ns	25ns	5.0ns
$t_w(\overline{\text{CLR/PRE}})$	10ns	5.0ns	25ns	4.0ns
$f_{\max}$	35MHz	170MHz	25MHz	100MHz

3.3   寄存器和移位寄存器

3.3.1   寄存器

由锁存器或触发器组成、一次能够并行存储 n 位比特数据的逻辑部件称为寄存器。寄存器是计算机和数字系统中最常用的功能构件。

图 3.21 示出由 8 个 D 锁存器构成的 8 位寄存器 74LS373 逻辑图和功能表。8 个 D 锁存器的时钟控制端连接在一起，用一个公共的电位信号 G 来控制，而各锁存器的数据输入端各自独立接受数据。输出采用三态门形式，在输出控制信号作用下，可以呈现 0、1、高阻三种输出状态，例如输出控制信号有效时(低电平)，三态门打开，寄存器输出呈现 0 或 1 状态。通过三态门输出的寄存器便于组成数据总线，用来在这个公用数据传输通道上分时传送各寄存器的数据。

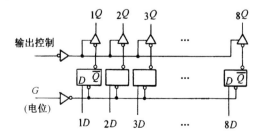

功能表

输出控制	G	D	输出
0	1	1	1
0	1	0	0
0	0	×	Q^n
1	×	×	高阻

图 3.21   D 锁存器构成的寄存器

常用的寄存器大多由 D 触发器构成，这是因为 D 触发器采用时钟边沿触发方式，工作十分可靠，且只有一个数据输入端，使用也很方便。

图 3.22 示出由 8 个 D 触发器构成的 8 位寄存器 74LS374 逻辑图和功能表。一看便明，不再解释。

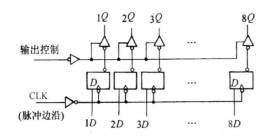

输出控制	CLK	D	输出
0	↑	1	1
0	↑	0	0
0	0	×	Q''
1	×	×	高阻

功能表

图 3.22　D 触发器构成的寄存器

74LS373 与 74LS374 的区别在于：①后者由触发器构成，前者由锁存器构成。②后者时钟信号采用边沿方式工作，前者时钟信号采用电位(高电平)方式工作。

注意，寄存器并不一定要通过三态门输出。例如 74LS273 寄存器由 8 个 D 触发器组成，其输出不带三态门，用 Q 端输出，且有一个公用的 $\overline{CLR}$ 清除端。当 $\overline{CLR}$ 低电平时，8 个 D 触发器全部置 0，即寄存器清除为 0 状态。

3.3.2　移位寄存器

在时钟信号控制下，将所寄存的数据向左或向右移位的寄存器称为移位寄存器。

图 3.23 示出了寄存器的七种结构类型。图 3.23(a)为数据并行输入并行输出，即 3.3.1 节所讲的内容；图 3.23(b)为右移寄存器，数据从左端串行输入从右端串行输出；图 3.23(c)为左移寄存器，数据从右端串行输入从左端串行输出；图 3.23(d)为循环右移寄存器；图 3.23(e)为循环左移寄存器；图 3.23(f)为并行输入的右移寄存器；图 3.23(g)为串行输入并行输出的右移寄存器。除了图 3.23(a)以外，其他六种都有移位功能。

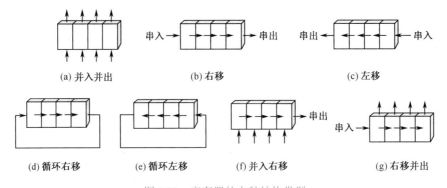

図 3.23　寄存器的七种结构类型

图 3.24 是 4 位右移寄存器的逻辑图。它的构成很简单，只需把左面一位触发器的输出端接到右面一位触发器的输入端，即连接关系满足 $D_i = Q_{i-1}$，同时把所有触发器的时钟端连

接在一起，用同步脉冲信号进行控制。

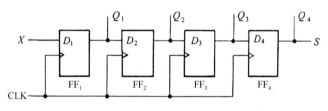

图 3.24　右移寄存器逻辑图

用同样的方法可以构成左移寄存器，此时将右面一位触发器的输出端接到左面一位触发器的输入端，其连接关系满足 $D_i=Q_{i+1}$。

实际应用中常常采用中规模通用移位寄存器，它是将若干触发器和逻辑门集成在一块芯片上，从而为使用带来很大方便。

图 3.25 是 8 位通用移位寄存器 74LS299 的逻辑电路图，它具有四种工作模式：并行置数、左移、右移、保持(寄存)数据，可以实现并入并出、并入串出、串入串出、串入并出操作。

左移时寄存器的各级输入表达式为

$$D_H=S_L$$

$$D_i=Q_{i+1}$$

式中，S_L 为左移输入(串行输入)值，i 表示寄存器的某一位。若把整个移位寄存器所存储的信息看作一个二进制数，则左移时的功能可表示为

$$[R]=2[R]+S_L$$

式中，用[R]表示移位寄存器的内容，2[R]表示其内容乘以 2，也就是左移一位，再加上串行输入值 S_L。

类似地，右移时寄存器有以下表达式：

$$D_A=S_R$$

$$D_i=Q_{i-1}$$

$$[R]=[R]/2+S_R$$

右移的功能相当于把寄存器的内容除以 2，并在最高位置入右移(串行输入)S_R 值。

图 3.25 中并行输入输出引脚是公用的。由于输入操作和输出操作不可能同时发生，即这两个操作是分时进行的，因此通过最下面一排三态门来进行控制。当三态门关闭时，用 $A, B, C, \cdots, H$ 引脚并行置数；当三态门打开时，用同一个引脚并行输出 $Q_A, Q_B, Q_C, \cdots, Q_H$ 中的数据。接到触发器 D 输入端的四与或门从左到右依次组织成右移、左移、并行置数、保持四种功能逻辑(由选择控制端 S_1S_0 选择其中之一)，在时钟脉冲到来时，将四与或门的输出打入到 8 个 D 触发器保存。此外，8 位通用移位寄存器还有一个公用清除端，用来预置寄存器原始内容为 0。

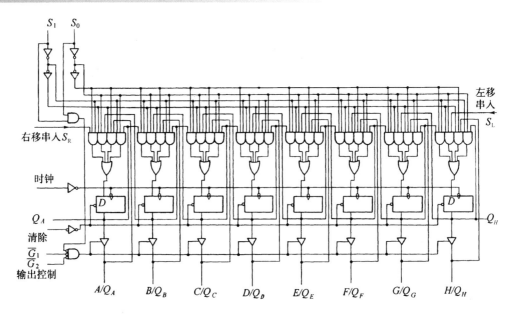

图 3.25　74LS299 8 位通用移位寄存器逻辑图

通用移位寄存器用途十分广泛，在计算机系统中可用作累加寄存器、缓冲寄存器、乘除部件中的部分积/被除数寄存器和乘/商寄存器、串-并转换器、并-串转换器等。在这些应用中，不外乎采用四种工作方式：串入-串出、串入-并出、并入-串出和并入-并出。其中串入-串出和并入-并出的工作比较简单，芯片本身就可以完成。而另外两种串-并变换则需要一定的控制信号，用它控制转换的开始和结束。为此，还需要外加电路。

3.4　计　数　器

计数器的功能是记忆脉冲的个数，它是数字系统中应用最广泛的基本时序逻辑构件。计数器所能记忆脉冲的最大数目称为该计数器的模，用字母 M 来表示。构成计数器的核心元件是触发器。

计数器的种数繁多，分类方法也不同。①按计数功能来分，可分为加法计数器、减法计数器、可逆计数器；②按进位基数来分，可分为二进制计数器（模为 2^r 的计数器，r 为整数）、十进制计数器、任意进制计数器；③按进位方式来分，可分为同步计数器（又称并行计数器）、异步计数器（又称串行计数器）。

3.4.1　同步计数器

同步计数器电路中，所有触发器的时钟都与同一个时钟脉冲源连在一起，每一个触发器的状态变化都与时钟脉冲同步。

1. 用计数方式构成的同步计数器

图 3.26(a)所示为 3 位同步模 8 计数器逻辑图，它由 3 个 JK 触发器组成。注意每个触发器的 JK 端在一起加上高电平，它就按交替方式或计数方式工作。计数器的模 $M=2^3=8$。图 3.26(b)是计数器的工作波形图。注意，各触发器工作前要清零。（为什么？）

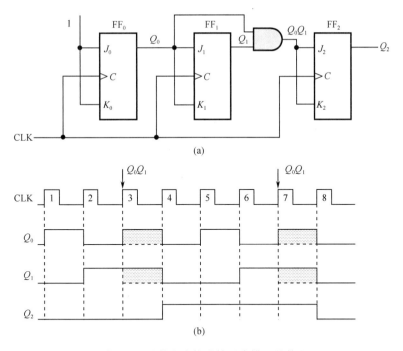

图 3.26　计数方式构成的同步模 8 计数器

表 3.8 是模 8 计数器的状态转移表。做状态转移表的方法与第 2 章组合逻辑中做真值表的方法相似，先规定一个现态(PS)值，然后做出次态(NS)值。依此类推，直到计数器状态循环为止。

表 3.8　模 8 计数器的状态转移表

时钟个数	PS(现态)			NS(次态)		
	Q_2	Q_1	Q_0	Q_2	Q_1	Q_0
1	0	0	0	0	0	1
2	0	0	1	0	1	0
3	0	1	0	0	1	1
4	0	1	1	1	0	0
5	1	0	0	1	0	1
6	1	0	1	1	1	0
7	1	1	0	1	1	1
8	1	1	1	0	0	0
9(循环)	0	0	0	0	0	1

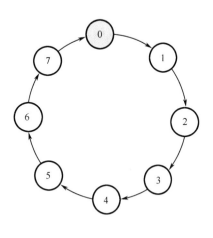

图 3.27　模 8 计数器状态转移图

根据状态转移表，很容易画出状态转移图，如图 3.27 所示。状态转移图是一种有向图，每个状态用一个圆圈表示，圈内可写上状态名称。状态转移用箭头线段表示。若在某个状态时电路有输出，输出就写在表示该状态的圆圈内或圆圈外。

状态转移表和状态转移图是分析设计时序逻辑电路的重要工具，读者必须掌握。

思考题 　你能利用 D 触发器，用计数方式构成 $M=8$ 的同步二进制计数器吗？

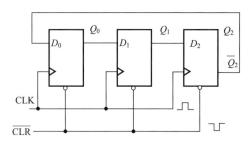

图 3.28 　模 6 扭环计数器逻辑图

2. 用移位寄存器构成的同步计数器

计数器也可以由移位寄存器构成。这时要求移位寄存器有 M 个状态，分别与 M 个计数脉冲相对应，并且不断在这 M 个状态中循环。为此，移位寄存器电路中需要加入反馈。采用两种方法：一种称扭环计数器（$\bar{Q}_2$ 反馈），另一种称环形计数器（Q_2 反馈）。

图 3.28 为模 6 扭环计数器逻辑图。由于加电时各触发器的状态是随机的（0 或 1），因此此计数器工作前必须清零。

K 位移位寄存器构成的扭环计数器，可以计 $2K$ 个数，即模 $M=2K$。此处 $K=3$，所以 $M=6$，使用 D 触发器。

状态转移表如表 3.9 所示。先写出 PS（现态）$Q_2Q_1Q_0=000$，反馈信号 $D_0=1$，时钟 1 到来时，这些状态都右移一位，得 NS=001，以及新的 $D_0=1$。用同样的方法继续求 NS 新状态，直到回到原始状态 000 结束。

根据状态转移表，画出状态转移图如图 3.29（a）所示，它是模 6 计数器。图 3.29（b）画出了扭环计数器的工作波形图。

实际应用时需要用译码器译出计数器各状态的函数。此处有 6 个状态 $M_0 \sim M_5$，每个状态由三个变量（Q_2、Q_1、Q_0）组成译码函数如下：

表 3.9 　模 6 扭环计数器状态转移表

CLK	PS			NS			输出/输入
	Q_2	Q_1	Q_0	Q_2	Q_1	Q_0	$\bar{Q}_2 = D_0$
1	0	0	0	0	0	1	1
2	0	0	1	0	1	1	1
3	0	1	1	1	1	1	1
4	1	1	1	1	1	0	0
5	1	1	0	1	0	0	0
6	1	0	0	0	0	0	0
7	0	0	0	0	0	1	1

$$M_0=\bar{Q}_2\bar{Q}_1\bar{Q}_0, \qquad M_1=\bar{Q}_2\bar{Q}_1Q_0, \qquad M_2=\bar{Q}_2Q_1Q_0$$
$$M_3=Q_2Q_1Q_0, \qquad M_4=Q_2Q_1\bar{Q}_0, \qquad M_5=Q_2\bar{Q}_1\bar{Q}_0$$

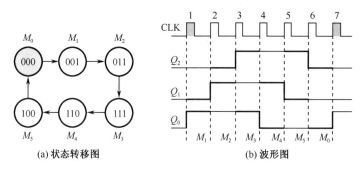

(a) 状态转移图 　　　　　　　　 (b) 波形图

图 3.29 　模 6 扭环计数器状态转移图和波形图

我们发现：不论 K 等于多少，计数器每个状态中只有一个触发器发生状态变化，故译码函数都可简化成二变量函数。因此各状态的译码函数简化如下（从波形图 3.29（b）发现，每个状态由 2 个向上或向下变化的波形嵌住）：

$$M_0 = \overline{Q}_2\overline{Q}_0, \quad M_1 = \overline{Q}_1 Q_0, \quad M_2 = \overline{Q}_2 Q_1$$
$$M_3 = Q_2 Q_0, \quad M_4 = Q_1 \overline{Q}_0, \quad M_5 = Q_2 \overline{Q}_1$$

移位寄存器构成的扭环同步计数器,不论 K 有多少,由于每个计数状态中只有一个触发器发生反转,因此译码函数只有两个触发器状态组成,故译码波形非常好,不带毛刺。

环形计数器由 Q_2 端输出反馈到输入端,但需要通过强置端 PRE 或 CLR 设置原始状态 $Q_0 Q_1 Q_2 = 100$(不能出现 000 或 111),计数器的模为 K,触发器数目等于状态数,其状态变化规律是 $100 \rightarrow 010 \rightarrow 001 \rightarrow 100$。这是一种循环右移计数器,又称定序型计数器,其状态输出不需要译码。

3.4.2　异步计数器

异步计数器中各触发器的时钟不是来自同一个时钟脉冲源。状态变化时第 1 个触发器与时钟源同步,其他则要滞后一些时间。异步计数器的工作原理有点像"多米诺骨牌"。

异步计数器的分析方法与同步计数器很相似,区别是把时钟信号当作输入信号来处理。

1. 异步模 16 计数器

图 3.30(a)为 4 位异步模 16 计数器的逻辑图。各级的 JK 输入端接上逻辑高电平(交替方式),除第 1 级时钟输入端接时钟源外,其他各级的时钟取自上一级触发器的输出。由于是负沿触发,它取自原码输出端(正脉冲),经非门反相变成负脉冲。

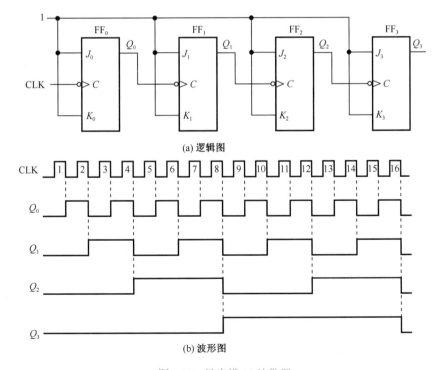

(a) 逻辑图

(b) 波形图

图 3.30　异步模 16 计数器

图 3.30(b)是 4 位异步计数器的波形图。还可以列出状态转移表和状态转移图。我们看到这是一个模 $M=16$ 的二进制计数器。

异步计数器中有一个翻转时间问题需要讨论。对触发器 FF_0 来说，从时钟 CLK 下降沿开始到 FF_0 翻转结束，有一个翻转时间 t_p。对 FF_1 来说，仍以 CLK 做时间基准，从下降沿开始，经 FF_0 翻转再到 FF_1 翻转结束，需要 $2t_p$ 时间。同理，对 FF_3 来说，翻转结束需要 $4t_p$ 时间。若使用 n 个触发器，求得输入 CLK 的最大时钟频率为

$$f_{max} = \frac{1}{n \cdot t_p} \tag{3.6}$$

2. 异步模 10 计数器

图 3.31 所示为 BCD 码异步模 10 计数器，它由 4 位异步模 16 计数器(图 3.30)改造得来。当计数器状态变成 BCD 码 1001(9)以后，需要跳过 1010～1111 六个数，下一个状态理应是 BCD 码 0000，而不是二进制码 1010。由于 BCD 码只有 0000(0)～1001(9)十个数，不能出现 1010，所以二进制码 1010 应变成 BCD 码的 0000。为此，通过 4 输入与非门对 1010 状态进行检测译码，其输出 $\overline{CLR}$ 信号使 4 个触发器清 0，即变成 BCD 码 0000。事实上，在出现 1010 的刹那间(第 10 个脉冲后沿)，与非门输出的 $\overline{CLR}$ 信号变低，用强置清 0 端 $\overline{CLR}$ 使计数器状态变成 0000，即十进制数 0，重新开始计数。模 10 计数器常称为十进制计数器。

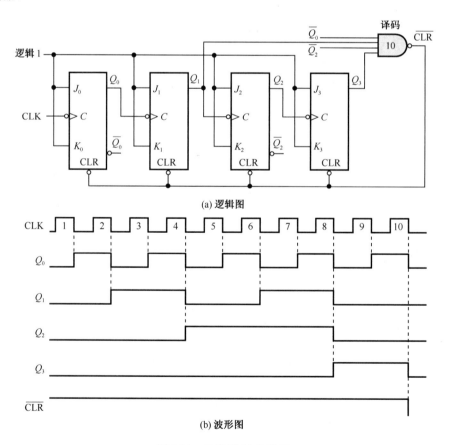

图 3.31 异步模 10 计数器

3.4.3　中规模集成计数器及应用

1. 中规模集成计数器的有关性能

实际应用中，可直接采用芯片厂商生产的中规模集成计数器。它有同步计数器和异步计数器两类，而且是多功能的。

表 3.10 列出了几种中规模集成同步计数器。

表 3.10　几种中规模同步计数器

型　号	模　式	预　置	清　零	工作频率
74LS162A	4 位，模 10	同步	同步(低)	25MHz
74LS160A	4 位，模 10	同步	异步(低)	25MHz
74LS168	4 位，模 10，可逆	同步	无	40MHz
74LS190	4 位，模 10，可逆	异步	无	20MHz
74ALS568	4 位，模 10，可逆	同步	同步(低)	20MHz
74LS163A	4 位，模 16	同步	同步(低)	25MHz
74LS161A	4 位，模 16	同步	异步(低)	25MHz
74ALS561	4 位，模 16	同步	同步(低)异步(低)	30MHz
74LS193	4 位，模 16，可逆	异步	异步(高)	25MHz
74LS191	4 位，模 16，可逆	异步	无	20MHz
74ALS569	4 位，模 16，可逆	异步	异步(低)	20MHz
74ALS867	8 位，模 256	同步	同步	115MHz
74ALS869	8 位，模 256	异步	异步	115MHz

同步计数器具有工作速度快，译码后输出波形好等优点，使用非常广泛。中规模同步计数器品种很多，并且具有如下多种功能：

可逆计数　可逆计数也叫加/减计数。实现可逆计数的方法有两种：加减控制方式和双时钟方式。

加减控制方式就是用一个控制信号 $U/\overline{D}$ 来控制计数方式。当 $U/\overline{D}=1$ 时，作加法计数；当 $U/\overline{D}=0$ 时，作减法计数。

在双时钟方式中，计数器有两个外部时钟输入端：CP_+ 和 CP_-，当前者输入时作加法计数；当后者输入时，作减法计数。不加外部时钟时，应根据器件的要求接 1 或接 0，使之不起作用。

预置功能　计数器有一个预置控制端 $\overline{LD}$，非号表示低电平有效，当 $\overline{LD}=0$ 时，可使计数器的状态等于预先设定的状态，即 $Q_D Q_C Q_B Q_A=DCBA$，其中，$DCBA$ 为预置的输入数据。

预置有同步预置和异步预置两种方式。在同步预置中，$\overline{LD}$ 信号变为有效之后并不立即实行预置，而是要到下一个时钟有效边沿到来时才完成预置功能，即预置的实现与时钟同步。在异步预置中，$\overline{LD}$ 信号变为有效时（$\overline{LD}=0$），立即将预置数据送到各触发器，而与此时的时钟信号无关，这类似于触发器的复位/置位。通常是把预置数据在 $\overline{LD}$ 控制下直接加到触发器的置位端。

复位功能 大多数中规模同步计数器都有复位功能。复位功能分为同步复位和异步复位，其含义和同步预置与异步预置的含义相似。

时钟有效边沿的选择 一般而言，中规模的同步计数器都是上升沿触发，而异步计数器则是下降沿触发。但有的同步计数器有两个专用时钟输入端 CP 和 CT，且满足 $CP_i=\overline{CPCT}$ 关系。当 CP=0 时，CT 的下降沿有效，使用下降沿触发系统；当 CT=1 时，CP 的上升沿有效，使用上升沿触发系统。

其他功能 同步计数器还有进位(借位)输出功能，计数控制输入功能。后者可用来控制计数器是否计数，常用在多片同步计数器级联时，控制各级计数器的工作。

【例 7】 分析 74LS163 同步模 16 计数器。

图 3.32(a)是 74LS163 的逻辑图，图 3.32(b)是它的典型工作波形图。

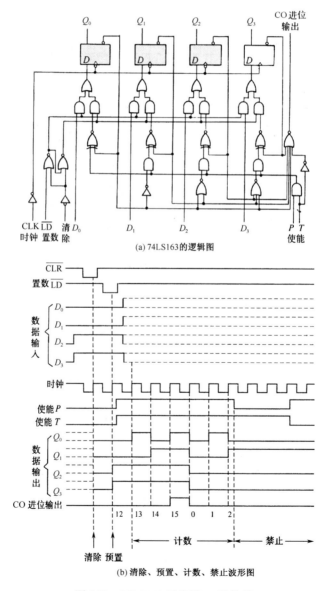

(a) 74LS163 的逻辑图

(b) 清除、预置、计数、禁止波形图

图 3.32 74LS163 同步模 16 计数器

74LS163 的功能如表 3.11 所示。

表 3.11　74LS163 功能表

清　除	PT	$\overline{LD}$	CLK	D_3	D_2	D_1	D_0	Q_3	Q_2	Q_1	Q_0
0	×	×	↑	×	×	×	×	0	0	0	0
1	0	1	↑	×	×	×	×	保持原状态			
1	×	0	↑	d	c	b	a	d	c	b	a
1	1	1	↑	×	×	×	×	计数			

解　根据上述资料，可以看出 74LS163 具有如下功能：

① 此器件为 4 位二进制加法计数器，模为 16，时钟上升沿触发。

② 同步清除，清除输入端的低电平将在下一个时钟脉冲正沿配合下把四个触发器的输出置为低电位，而不管使能输入 PT 为何电平。

③ 预置受时钟控制，为同步预置。当 $\overline{LD}$ =0 时，在时钟脉冲作用下，计数器可并行预置 4 位二进制数。

④ 当 $\overline{LD}$ =1 时，两个计数使能输入 PT 同时为高电平，在时钟脉冲作用下，计数器进行正常计数。

⑤ 计数器具有超前进位输出端，无须另加电路，即可级联成 n 位同步计数器。

例 7 的 74LS161 是同步计数器，还可以用 74LS90 制作异步计数器。

【例 8】　用 74LS90 组成 84 进制异步计数器(图 3.33)。

解　利用大模分解法 M=M1*M2=10*10=100。

在 100 计数器的基础上，再用 84 进行反馈。

①将 74LS90 接成 8421BCD 十进制计数器。

②用 84 反馈置 0。

$(84)_{10}$ = $(1000\ 0100)_{8421}$

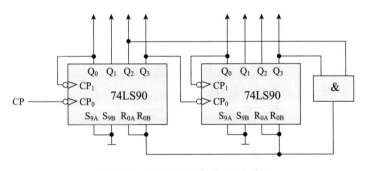

图 3.33　74LS90 异步模 84 计数器

还可以用 74LS90 接成 5421BCD 十进制计数器，用反馈置 0 法设计 84 进制计数器。

$(84)_{10}$ = $(1011\ 0100)_{5421}$

2. 用中规模 IC 计数器构成任意模数的计数器

预置法　几乎所有的中规模计数都具有预置功能。因而，可以通过预置法即设置不同的预置值来构成任意模数的计数器。其基本思想是：使计数器从某个预置状态开始计数，到达满足模值为 M 的终止状态时，产生预置控制信号，加到预置控制端 $\overline{LD}$ 进行预置，并重复以上过程，实现模值 M 的计数。

在实际构成模值 M 的计数器时，常选用计数达到最大模值的状态为终止状态，因为这时会产生一个进位信号。利用这个进位信号(低电平有效)来作为预置控制信号 $\overline{LD}$ 。这时计数器的工作过程为：预置→计数→预置→计数……。具体实现方法如下：

(1)将进位(加计数)或借位(减计数)输出(低电平有效)接到预置控制端 $\overline{LD}$ 。这样，在加计数计到最大值，或减计数计到最小值时，可自动地得到有效的预置控制信号。

(2)预置值的设定。设 N 为原来计数器的模值，M 为现在所要求实现的模值，则预置值按下述情况处理：

$$\text{同步预置} \quad \text{加计数} \quad \text{预置值}=N–M$$
$$\text{减计数} \quad \text{预置值}=M–1 \tag{3.7}$$
$$\text{异步预置} \quad \text{加计数} \quad \text{预置值}=N–M–1$$
$$\text{减计数} \quad \text{预置值}=M \tag{3.8}$$

【例9】　将模 $N=10$ 的计数器改成模 $M=6$ 的计数器，要求采用同步预置。

解　(1)采用同步预置方式的加法计数器。

预置值=$N–M=10–6=4$，计数过程如图 3.34(a)所示。

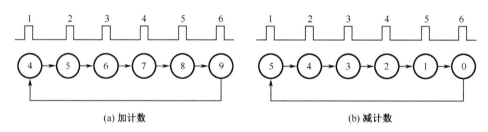

(a) 加计数　　　　　　　　　　　　　　(b) 减计数

图 3.34　同步预置设计 $M=6$ 计数器

每个状态需要 1 个时钟。到达状态 9 时，进位输出便使预置控制变为有效。但预置的实现要等到下一个(第 1 个)时钟有效边沿的到来，因此状态 9 和 4 占两个时钟，波形上不会出现毛刺。

(2)采用同步预置方式的减法计数器。

预置值=$M–1=6–1=5$，计数过程如图 3.34(b)所示。

到达状态 0 时，借位输出使预置变为有效；第 1 个脉冲到来时，计数器状态预置为 5，重新开始计数。

思考题　要求采用异步预置，你能将模 10 计数器改成模 6 计数器吗？

复位法　没有预置功能的中规模计数器都有清零端，因而可通过复位法来构成任意进制计数器。其基本思想是：计数从某个状态开始，到达满足 M 的终止状态时，产生复位信号，使计数器恢复到初始状态，然后重复进行。此时需要外加门逻辑对终止状态进行检测。其工作原理类似图 3.31 所示。

图 3.35 是一个计数器采用复位法的状态转移图，其中 1011→0000 实线是同步复位，

1100→0000 虚线是异步复位。

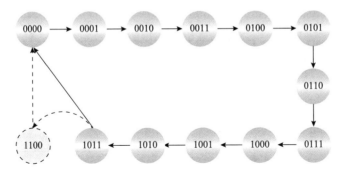

图 3.35　计数器采用复位法的状态转移图

3. 用中规模 IC 计数器级联扩大模数

单片中规模 IC 计数器的计数范围是有限的。当实际要求的计数模值超过单片计数值 M 时，可用计数器的级联来实现。

图 3.36 是利用 2 片十进制计数器 74HC160 进行级联的连接图。计数器 1 的进位输出端 RCO 连接到计数器 2 的使能输入端（ENP、ENT），而计数器 2 的 RCO 输出端即是最终输出。2 片 74HC160 连接后的总的计数模值为

$$M = m_1 \times m_2 = 10 \times 10 = 100 \tag{3.9}$$

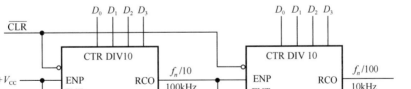
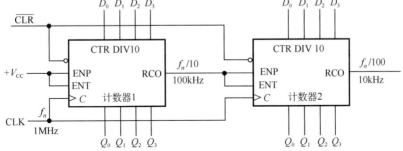

图 3.36　中规模 IC 计数器的分频级联

假如计数器 1 输入时钟 CLK 的频率为 $f_n = 1\text{MHz}$，那么计数器 2 的输出端的频率为 $f_n/100 = 10\text{kHz}$。每一个计数器的脉冲输出频率等于其输入时钟频率除以计数模值 10，故这种应用称为分频。因此，图 3.36 中两个十进制计数器级联形成一个 100 分频器，它带有一个 10 分频的中间输出。

实际应用中常常需要实现任意模值的级联。图 3.37 表示这种方式的连接，它利用 3 片 74HC161 型 4 位二进制计数器（每片计数模值为 16）构成了一个模数 3000 的计数器。

若 3 片 74HC161 按 $16 \times 16 \times 16$ 进行分频级联，我们称为完全级联，其模值为

$$M = 16 \times 16 \times 16 = 2^4 \times 2^4 \times 2^4 = 2^{12} = 4096_{10}$$

现要求级联的模数为 3000_{10}，两者的差为

$$4096_{10} - 3000_{10} = 1096_{10} = 448_H$$

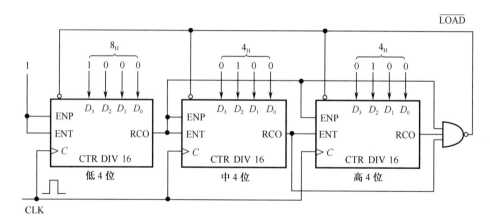

图 3.37 3 片十六进制计数器构成任意分频计数器

下标 10 表示十进制数，下标 H 表示十六进制数。对完全级联的计数器来说，我们将十六进制数 448 作为初始值打入计数器，并进行加计数。当计数到 3000 个脉冲后，计数器的值变为 4095（12 个 1），表示一个计数循环结束。此处采用了预置法。

3.5 定时脉冲产生器

按固定时间顺序再现的脉冲序列称为定时脉冲，也称为节拍脉冲。一个数字系统之所以有条不紊的工作，完全是受到定时脉冲的指挥，即规定定时脉冲 A 干什么，定时脉冲 B 干什么，定时脉冲 C 又干什么，等等。本节通过两个实例讨论定时脉冲发生器，它们涉及寄存器、计数器、分频器、译码器等诸多概念，在科研和工程中非常有用。

3.5.1 时钟脉冲源电路

顾名思义，时钟脉冲源是提供方波脉冲信号的来源之处。凡是双稳多谐振荡器电路均可作为时钟脉冲源，但通常使用 IC 芯片 555。在对脉冲频率 f 要求十分精确稳定的场合，必须使用石英晶体振荡器。

图 3.38 是将 555 作为双稳多谐振荡器使用的电路结构图，其中外部的 R_1，R_2，C_1 组成了设定振荡频率的计时系统，各输入输出标注了芯片引脚的编号。

电源 V_{CC} 刚启动时，电容器 C_1 未充电，其上的电压为 0V，引脚 (2)、(6) 为 0V，这会引起比较放大器 A 输出变高，比较放大器 B 输出变低，导致锁存器关闭而输出变低，从而使晶体管 Q_1 基极变低，使晶体管处于截止状态。于是 C_1 开始通过 R_1，R_2 回路充电。

当 C_1 电压达到 $V_{CC}/3$ 时，比较器 B 输出变成低电平，而当 C_1 电压充电到 $2V_{CC}/3$ 时，比较器 A 输出变成高电平。这样重新打开锁存器而输出变高，使 Q_1 基极变高，晶体管处于导通状态，从而形成 C_1 通过 R_2 和晶体管进行放电的回路。

现在 C_1 开始放电，C_1 上的电压开始下降，引起比较器 A 输出降低。当 C_1 电压降至 $V_{CC}/3$ 时，比较器 A 输出变高，导致锁存器又关闭，晶体管 Q_1 又截止。当另一个充电循环开始时，整个过程又如此重复，其结果是 555 的输出端 V_{out} 产生了连续的方波脉冲信号。它重复的频率取决于 R_1，R_2 和 C_1 的数值，振荡频率的计算公式如下：

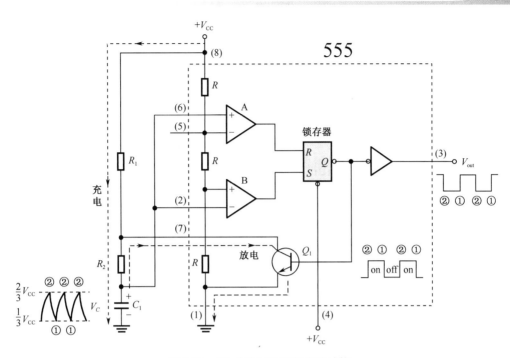

图 3.38   555 作为时钟源的电路结构

$$f = \frac{1.44}{(R_1 + 2R_2)C_1} \qquad (3.10)$$

通过选择电阻 R_1 和 R_2，输出方波的占空系数可被调节，因为 C_1 只通过 R_1，R_2 充电，并仅通过 R_2 放电，如果 $R_2 \gg R_1$，占空系数可接近 50% 的最小值，此时充放电时间几乎相等。

方波输出高电平的时间定义为 t_H，它对应 C_1 从 $V_{CC}/3$ 到 $2V_{CC}/3$ 的充电时间，则

$$t_H = 0.7(R_1 + R_2)C_1 \qquad (3.11)$$

方波输出低电平的时间定义为 t_L，它对应 C_1 从 $2V_{CC}/3$ 到 $V_{CC}/3$ 的放电时间，则

$$t_L = 0.7R_2C_1 \qquad (3.12)$$

输出波形的周期 T 是 t_H 和 t_L 的和，也就是表达式 (3.5) 中频率 f 的倒数，即

$$T = t_H + t_L = 0.7(R_1 + 2R_1)C_1$$

$$占空系数\ Duty = \frac{t_H}{T} = \left(\frac{R_1 + R_2}{R_1 + 2R_2}\right) \times 100\% \qquad (3.13)$$

【例 10】   使用 555，设 $R_1 = 2\text{k}\Omega$，$R_2 = 4.3\text{k}\Omega$，$C_1 = 0.02\mu\text{F}$，求输出脉冲频率 f 和占空系数 Duty。

解   利用公式 (3.10) 和式 (3.13)

$$f = \frac{1.44}{(R_1 + 2R_2)C_1} = \frac{1.44}{(2\text{k}\Omega + 8.6\text{k}\Omega) \times 0.02\mu\text{F}} = 6.79\text{kHz}$$

$$Duty = \left(\frac{R_1 + R_2}{R_1 + 2R_2}\right)100\% = \left(\frac{2\text{k}\Omega + 4.3\text{k}\Omega}{2\text{k}\Omega + 8.6\text{k}\Omega}\right) \times 100\% = 59.4\%$$

图 3.39 示出了石英晶体振荡器构成的时钟脉冲源电路，它由一个 5MHz 石英晶体振荡

器、三个非门和电阻 R、电容 C 组成。其工作原理是：当晶体加电后即起振，产生一系列正弦波。假定某瞬间 A 点为正跳，通过门 1 后即倒向变成负跳，再经门 2 后又复原为正跳。因此非门 1 和 2 构成了正反馈，从而使门 2 输出波形变陡，形成需要的主振脉冲。

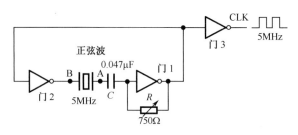

图 3.39   石英晶体构成的时钟源电路结构

R 为负反馈电阻，它的作用是使门 1 的直流工作点工作在转换区(约 1.6V)。这样由石英晶体振荡器产生的微小信号经门 1 后即可放大为比较理想的信号。门 3 起隔离作用，可使后边的负载不影响主振的工作。门 3 的输出是方波脉冲信号，其脉冲频率为 5MHz,占空系数 50%。石英晶体构成的时钟源结构简单，应用非常广泛。

3.5.2   节拍脉冲产生器

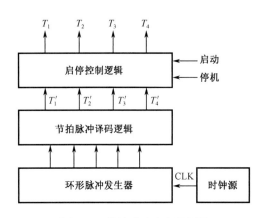

图 3.40   节拍脉冲产生器框图

图 3.40 是一种节拍脉冲产生器的组成框图，是作者的科研成果。它由时钟脉冲源、环形脉冲发生器、译码逻辑、启停控制逻辑四部分组成。其中时钟脉冲源已在 3.5.1 节中叙述，不再重复。

环形脉冲发生器实际上是一个计数器。由于移位寄存器构成计数器时状态译码波形好，没有毛刺(状态译码只有两个输入，只有一个输入发生变化)，因此节拍脉冲产生器中环形脉冲发生器应使用移位寄存器。

图 3.41(a)画出了节拍脉冲产生器的环形脉冲发生器和译码逻辑图。现假定时钟源输出 5MHz(脉冲宽度 200ns)的 CLK 时钟信号。电路启动时，先按下清 0 按钮 $\overline{CLR}$ 使触发器 C_4 清 0，门 3 打开，第一个正脉冲 CLK 通过门 3 使触发器 $C_1 \sim C_3$ 清 0。经过半个脉冲周期(100ns)延迟，触发器 C_4 由 1 变 0，再经半个脉冲周期的延迟后，第 2 个 CLK 脉冲上升沿(即第 1 个 $\overline{CLK}$ 的下降沿)作移位信号，使触发器 $C_1 \sim C_3$ 变为"100"状态。此后第 2 个 $\overline{CLK}$、第 3 个 $\overline{CLK}$ 连续通过门 2 形成移位信号，使 $C_1 \sim C_3$ 相继变为"110"和"111"状态，其过程见图 3.42 所示的工作波形图。

当 C_3 变为 1 时(对应第 4 个正脉冲 CLK)，其状态便反映到触发器 C_4 的 D 端，因而在第 4 个 CLK 正脉冲的下降沿时又将 C_4 置 1，门 3 再次打开，第 5 个 CLK 正脉冲通过门 3 形成清 0 信号，将触发器 $C_1 \sim C_3$ 清 0，于是下一个循环再度开始。

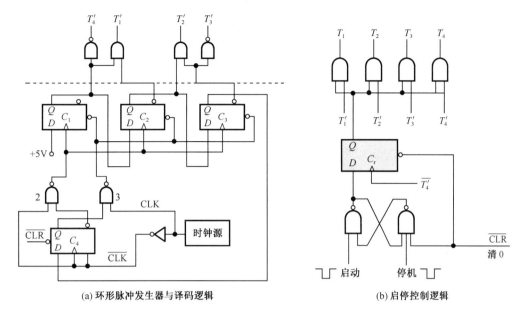

(a) 环形脉冲发生器与译码逻辑　　　　　　　　　(b) 启停控制逻辑

图 3.41　节拍脉冲产生器逻辑图

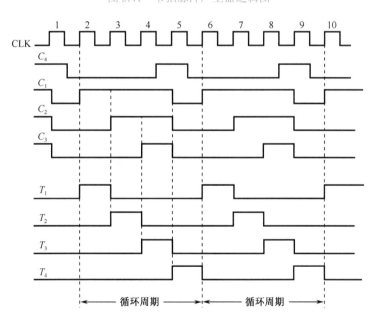

图 3.42　节拍脉冲时序波形图

我们要求在一个时序循环中产生 4 个等间隔的节拍脉冲 $T_1 \sim T_4$，参见图 3.42，那么其译码逻辑可表示为

$$T_1' = C_1 \overline{C}_2, \quad T_2' = C_2 \cdot C_3, \quad T_3' = C_3, \quad T_4' = \overline{C}_1 \tag{3.14}$$

图 3.41(a) 上半部，画出了节拍脉冲的译码逻辑。每个节拍脉冲信号带上撇，表示它们是不受控的信号，只要加上电源启动工作，$T_1' \sim T_4'$ 会周而复始地产生。

实际应用中还需要加上启停控制逻辑，如图 3.41(b) 所示，它的核心是一个运行标志触发器 C_r。当 $C_r=1$ 时，上面的一排门被打开，原始节拍脉冲信号 $T_1' \sim T_4'$ 才能发送出去，变成真正需要的节拍脉冲 $T_1 \sim T_4$。当 $C_r=0$ 时，关闭上面一排与门，不会产生 $T_1 \sim T_4$。

由于启动操作和停机操作是随机的，为此要求启动时一定要从 T_1 节拍脉冲前沿开始，停机时一定要在 T_4 节拍脉冲后沿结束时关闭时序脉冲。只有这样，才能使发送出去的节拍脉冲都是完整的脉冲。C_r 是 D 触发器，在其下面加上一个 SR 触发器，并用 $\bar{T}_4'$ 信号作为 C_r 是触发器的时钟输入端，那么就可以保证在 T_1 的前沿开启节拍脉冲产生器，而在 T_4 的后沿关闭节拍脉冲产生器。

启动和停机操作信号可以进行扩充：可以人工产生，也可自动产生。可以单独产生一个节拍脉冲序列，也可连续产生 n 个节拍脉冲序列。

思考题 你能用扭环计数器或环形计数器设计图 3.41 所示的节拍脉冲发生器吗？

3.5.3 数字钟

图 3.43 示出数字钟的逻辑结构。它主要应用了集成计数器的分频和级联功能，七段译码器的译码功能，数码管的显示功能。从逻辑上讲，它属于定时脉冲发生器的范围。

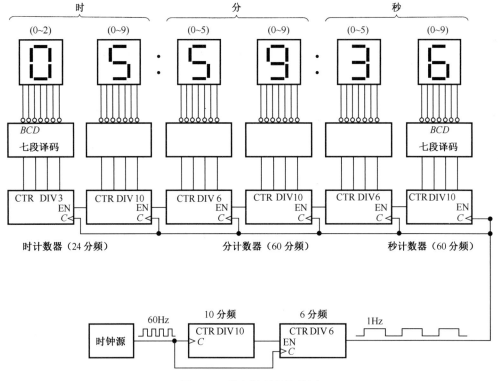

图 3.43 数字钟逻辑结构图

数字钟按时、分、秒三个部分进行组织，并用十进制 BCD 码进行显示。秒的逻辑结构为 60 进制(显示 BCD 码 00～59)，分的逻辑结构为 60 进制(显示 BCD 码 00～59)，时的逻辑结构为 24 进制(显示 BCD 码 00～23)。

对于时、分、秒计数器的设计，可采用前面讲述的 IC 计数器进行级联的方法，以满足构成任意模数的要求。

3.6　同步时序逻辑分析

3.6.1　同步时序逻辑电路的描述工具

前面介绍了一些常用的有特殊功能的时序逻辑电路，它们的结构比较简单，容易掌握。从个别到一般，有了前面的一些概念，我们学习一般时序逻辑电路就容易深入了。

一般的时序逻辑电路按其状态的改变方式不同，分为同步时序逻辑与异步时序逻辑。同步时序逻辑是在同一个时钟脉冲控制下改变状态，而异步时序逻辑则是在输入信号（脉冲或电位）控制下改变状态。

一般的同步时序逻辑由组合逻辑电路与记忆电路两部分组成，其框图如图 3.44 所示。其中，$X_1, X_2, \cdots, X_n$ 为外部输入信号；$Q_1, Q_2, \cdots, Q_k$ 为触发器的输出，称为状态变量；$Z_1, Z_2, \cdots, Z_m$ 为

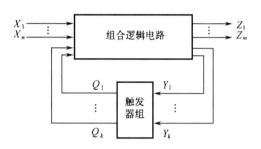

图 3.44　同步时序逻辑电路组成框图

时序逻辑的对外输出信号；$Y_1, Y_2, \cdots, Y_k$ 为触发器的激励信号。因此，一般的同步时序逻辑电路可用以下三组逻辑表达式来描述：

$$Z_i = f_i(X_1, X_2, \cdots, X_n;\ Q_1^n, Q_2^n, \cdots, Q_k^n), \quad i = 1, \cdots, m \tag{3.15}$$

$$Y_i = g_i(X_1, X_2, \cdots, X_n;\ Q_1^n, Q_2^n, \cdots, Q_k^n), \quad i = 1, \cdots, k \tag{3.16}$$

$$Q_i^{n+1} = h_i(X_1, X_2, \cdots, X_n;\ Q_1^n, Q_2^n, \cdots, Q_k^n), \quad i = 1, \cdots, k \tag{3.17}$$

同步时序逻辑电路按其输入与输出的关系不同，可分为米里型和摩尔型两类。在输出表达式(3.15)中，输出是输入变量和状态变量的函数，即输出(Z)不仅与该时刻的输入($X_1, X_2, \cdots, X_n$)有关，而且与电路的现态($Q_1^n, Q_2^n, \cdots, Q_k^n$)有关，具有这种特点的同步时序逻辑电路称为米里型时序逻辑电路。

在摩尔型时序逻辑电路中，输出(Z)只是状态变量的函数，而和当时的输入无关；或根本没有 Z 输出，就以电路的状态作为输出。对于这类电路，输出方程式(3.15)应变为

$$Z_i = f_i(Q_1^n, Q_2^n, \cdots, Q_k^n), \quad i = 1, \cdots, k \tag{3.18}$$

将输出方程式(3.15)和状态方程式(3.17)结合在一起用矩阵形式加以表示，就构成同步时序逻辑电路的状态表，它是描述时序逻辑最重要的工具之一。

米里型状态表的一般形式如表 3.12 所示，其中 $[X]_i$ 表示输入信号的第 i 种组合，n 个输入信号有 2^n 种组合。状态 S_j 则表示 k 个状态变量值的组合，一共有 2^k 个状态。S_{ij} 表示对应 $[X]_i$ 和 S_j 的次态，Z_{ij} 表示对应于 $[X]_i$ 和 S_j 的输出值。S_j 和 S_{ij} 常用 k 位二进制代码表示，有时为了叙述方便也可以用文字或字母代替。因此，状态表有两种形式：若状态用字母表示，则称之为状态表；若用二进制代码表示，则称之为状态转移表。

摩尔型时序逻辑电路的状态表如表 3.13 所示，它将输出和次态分别列为两个矩阵，以便反映输出只是状态变量的函数。

表 3.12　米里型时序逻辑状态表

	X				
S	$[X]_1$	$\cdots$	$[X]_i$	$\cdots$	
S_i	S_{11}/Z_{11}	$\cdots$	S_{i1}/Z_{i1}	$\cdots$	
$\vdots$					
S_j	S_{1j}/Z_{1j}	$\cdots$	S_{ij}/Z_{ij}	$\cdots$	
$\vdots$			$\vdots$		

表 3.13　摩尔型时序逻辑状态表

	X				Z_1	$\cdots$	Z_m
S	$[X]_1$	$\cdots$	$[X]_i$		Z_1	$\cdots$	Z_m
S_i	S_{11}	$\cdots$	S_{i1}		Z_{11}	$\cdots$	Z_{m1}
$\vdots$							
S_j	S_{1j}	$\cdots$	S_{ij}		Z_{1j}	$\cdots$	Z_{mj}
$\vdots$			$\vdots$		$\vdots$		$\vdots$

由状态表很容易作出状态图，如图 3.45 所示，其中图(a)是米里型电路状态图的示例，它有 4 个状态 $S_1 \sim S_4$，转移线段旁边注明状态转移的输入条件及相应的输出。图(b)为摩尔型电路的状态图，由于输出只和状态有关，所以输出就写在表示状态的圆圈内。

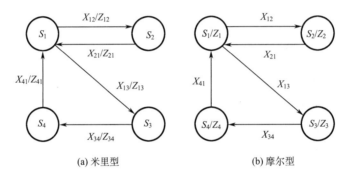

(a) 米里型　　　　　　　　(b) 摩尔型

图 3.45　状态图的两种形式

3.6.2　同步时序逻辑电路分析的一般方法

所谓同步时序逻辑分析，就是指出给定时序电路的逻辑功能。时序电路的主要特点在于它具有内部状态，随着时间顺序的推移和外部输入的不断改变，这一状态相应地发生变化。分析时序逻辑电路的关键是找出电路状态的变化规律。这一状态变化规律可以用次态表达式描述，并进而用状态转移表、状态表或状态图来描述。时序逻辑电路的分析步骤一般概括如下：

(1)根据给定的逻辑图，写出输出函数和激励函数表达式。

(2)建立次态表达式及状态转移表。

(3)建立状态表及状态图。

(4)分析输出序列与输入序列的关系，说明时序电路的逻辑功能。

上述分析步骤对同步时序逻辑与异步时序逻辑都适用。本节通过实例说明同步时序逻辑电路的分析。

【例 11】　分析图 3.46 所示时序电路的逻辑功能。

解　(1)分析电路组成。

该电路由门电路和触发器组成。其中，与非门和异或门构成组合逻辑电路，两个 JK 触发器构成记忆元件，因此这是一个时序逻辑电路。CLK 是时钟脉冲，用来改变触发器的状态。

该电路的输入有

外部输入：x

内部输入：y_2，$\overline{y}_2$，y_1，$\overline{y}_1$

该电路的输出有

外部输出(即输出函数)：Z

内部输出(即激励函数)：J_2，K_2

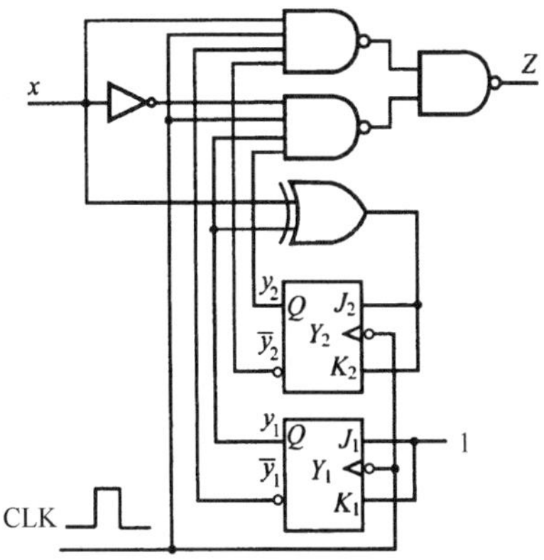

(2) 由组合逻辑电路列出输出函数及激励函数表达式：

$$Z = \overline{\overline{x\overline{y}_2\overline{y}_1} \cdot \overline{\overline{x}y_2y_1}} = x\overline{y}_2\overline{y}_1 + \overline{x}y_2y_1 \tag{3.19}$$

$$J_1 = K_1 = 1$$

$$J_2 = K_2 = x \oplus y_1 \tag{3.20}$$

图 3.46　米里型同步时序电路

式(3.19)中省去了 CLK，因为它是建立触发器的次态所必需的。

(3) 根据激励函数及触发器的特征方程，建立触发器的次态表达式。

JK 触发器的特征方程为

$$Q^{n+1} = J\overline{Q^n} + \overline{K}Q^n$$

将式(3.17)代入，可得如下 Y_2，Y_1 触发器的次态表达式：

$$y_2^{n+1} = J_2\overline{y}_2 + \overline{K}_2y_2 = (x \oplus y_1)\overline{y}_2 + \overline{(x \oplus y_1)}y_2 \tag{3.21}$$

$$y_1^{n+1} = J_1\overline{y}_1 + \overline{K}_1y_1 = 1 \cdot \overline{y}_1 + \overline{1} \cdot y_1 = \overline{y}_1 \tag{3.22}$$

上述两式表明，只要输入 x 和触发器的现态 y_2 和 y_1 一定，便可在 CLK 脉冲的下降沿建立触发器的次态。因此，两式描述了电路状态的变化规律。

(4) 根据触发器的次态表达式及输出函数，建立时序电路的状态表及状态图。

首先，根据式(3.19)、式(3.21)和式(3.22)可建立状态转移表，如表 3.14 所示，它反映了时序电路的状态转换关系，故称之为状态转移表，也称为次态真值表。

设状态 $a = \overline{y}_2\overline{y}_1 = 00$，状态 $b = \overline{y}_2y_1 = 01$，状态 $c = y_2\overline{y}_1 = 10$，状态 $d = y_2y_1 = 11$，则得图 3.47 中所

表 3.14　例 11 的状态转移表

输　　入	PS(现态)		NS(次态)		输　　出
x	y_2^n	y_1^n	y_2^{n+1}	y_1^{n+1}	Z
0	0	0	0	1	0
0	0	1	1	0	0
0	1	0	1	1	0
0	1	1	0	0	1
1	0	0	1	1	1
1	0	1	0	0	0
1	1	0	0	1	0
1	1	1	1	0	0

示的状态表。表中第一列为现态 PS 的四种可能状态；表的右面两列则表示在相应的输入 x 和现态下，且在 CLK 脉冲作用下所建立的次态 NS 及产生的输出 Z。

为了更清楚地表示出时序电路的状态变化规律，可根据状态表画出状态图，如图 3.47 中右边所示，箭头线的旁注表示输入/输出。由图可知，当输入 x 为 0 时，则每来一个 CLK 脉冲，电路状态将沿着 $a \rightarrow b \rightarrow c \rightarrow d \rightarrow a$ 的途径变化一次，且在由 d 变为 a 时产生一个"1"输出。反之，当输入 x 为 1 时，则每来一个 CLK 脉冲，电路状态将沿着 $a \rightarrow d \rightarrow c \rightarrow b \rightarrow a$ 的途径变化一次，且由 a 变为 d 时产生一个"1"输出。

状态表

PS	NS	
	$x=0$	$x=1$
a	$b,0$	$d,1$
b	$c,0$	$a,0$
c	$d,0$	$b,0$
d	$a,1$	$c,0$

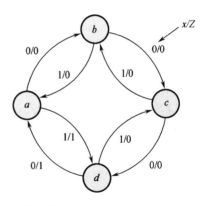

图 3.47　例 11 的状态表与状态图

(5)说明时序电路的逻辑功能。

实际应用中一个逻辑电路的输入和输出都有一定的物理含义。就本例而言，若已知输入 x 是一个电位控制信号，CLK 是一串要计数的连续脉冲，则由状态图可知，图 3.46 是一个二进制可逆计数器。假如我们把图 3.47 改画成图 3.48 所示的分解图，便可清楚地看到这一点。图 3.48(a)表示输入 x 为低电位($x=0$)时，计数器将由初态 00 开始累加计数。每来一个计数脉冲，计数器加 1，依次为 00→01→10→11。当计数器累加 4 个脉冲后，其状态由 11 变为 00，并产生一个进位脉冲($Z=1$)。图 3.48(b)表示输入 x 为高电位($x=1$)时，计数器将由初态 11 开始累减计数。每来一个脉冲，计数器减 1，依次为 11→10→01→00。当计数器累减 4 个脉冲后，其状态由 00 变为 11，并产生一个借位脉冲($Z=1$)。这样，我们把输入 x 称为加减控制信号，CLK 称为计数脉冲，于是 Z 就是进位($x=0$ 时)或借位($x=1$)信号。因此，图 3.46 是一个在 x 控制下对 CLK 脉冲既能累加计数又能累减计数的模 4 可逆计数器。图 3.48(c)中，画出了累减计数情况下的电路工作波形图。

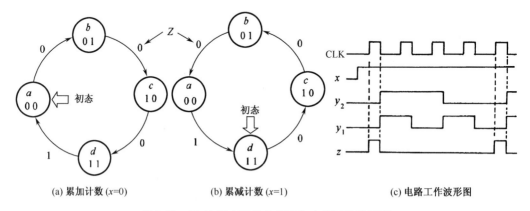

(a) 累加计数 ($x=0$)　　　　　(b) 累减计数 ($x=1$)　　　　　(c) 电路工作波形图

图 3.48　例 11 状态图的分解图与电路工作波形图

由以上分析可知，图 3.46 所示电路是一个米里型的同步时序电路，因为它的状态是由同一个 CLK 脉冲改变的，而且输出不仅与现态有关，还与输入有关。

【例 12】　分析图 3.49 所示时序电路的逻辑功能。

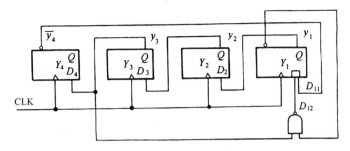

图 3.49　摩尔型同步时序电路

解　(1) 建立触发器的次态表达式及状态转移表。

由图 3.49，可列出激励函数如下：

$$D_4 = y_3, \quad D_3 = y_2$$
$$D_2 = y_1, \quad D_1 = D_{11} \cdot D_{12} = \overline{y}_4 \overline{y}_3 + \overline{y}_4 y_1$$

将上式代入 D 触发器特征方程，则得次态表达式为

$$y_4^{n+1} = D_4 = y_3, \quad y_3^{n+1} = D_3 = y_2$$
$$y_2^{n+1} = D_2 = y_1, \quad y_1^{n+1} = D_1 = \overline{y}_4 \overline{y}_3 + \overline{y}_4 y_1$$

由此可列出表 3.15 所示的状态转移表。表中左边为现态，右边为 CLK 脉冲到来时所建立的次态。

表 3.15　例 12 的状态转移表

PS				NS			
y_4	y_3	y_2	y_1	y_4^{n+1}	y_3^{n+1}	y_2^{n+1}	y_1^{n+1}
0	0	0	0	0	0	0	1
0	0	0	1	0	0	1	1
0	0	1	0	0	1	0	1
0	0	1	1	0	1	1	1
0	1	0	0	1	0	0	0
0	1	0	1	1	0	1	1
0	1	1	0	1	1	0	0
0	1	1	1	1	1	1	0
1	0	0	0	0	0	0	0
1	0	0	1	0	0	1	0
1	0	1	0	0	1	0	0
1	0	1	1	0	1	1	0
1	1	0	0	1	0	0	0
1	1	0	1	1	0	1	0
1	1	1	0	1	1	0	0
1	1	1	1	1	1	1	0

表 3.16　例 12 的状态表

PS	NS
a_0	a_1
a_1	a_3
a_2	a_5
a_3	a_7
a_4	a_8
a_5	a_{11}
a_6	a_{12}
a_7	a_{15}
a_8	a_0
a_9	a_2
a_{10}	a_4
a_{11}	a_6
a_{12}	a_8
a_{13}	a_{10}
a_{14}	a_{12}
a_{15}	a_{14}

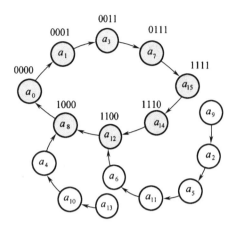

图 3.50　例 12 的状态图

（2）建立状态表及状态图。

设状态 $a_0=0000$，$a_1=0001$，$a_2=0010$，$\cdots$，$a_{14}=1110$，$a_{15}=1111$，代入表 3.15 中，则得到状态表，如表 3.16 所示。由此表可画出状态图，如图 3.50 所示。注意，图中封闭圈内的各状态构成一个循环。

（3）说明电路的逻辑功能。

由图 3.50 可知，只要电路的初态为封闭圈内的某一状态，该电路便按循环码的编码方式对 CLK 脉冲进行计数。其计数的有效序列为

$0000\rightarrow0001\rightarrow0011\rightarrow0111\rightarrow1111\rightarrow1110\rightarrow1100$
$\rightarrow1000\rightarrow0000$

不论该电路具有何初态，只要经过若干个 CLK 脉冲的作用，电路状态总是能进入上述的有效序列。因此图 3.50 所示电路是一个具有自启动能力的循环码计数器。

但是实际应用中为了消除 8 个无效状态，通过强置端清零方法使计数器处于初态 a_0，进入图 3.51 所示的有效状态序列，而不会出现 $a_9\rightarrow a_2\rightarrow a_5\rightarrow a_{11}$ $\rightarrow a_6$ 及 $a_{13}\rightarrow a_{10}\rightarrow a_4$ 的无效状态序列。

综上所述，图 3.49 所示电路既无 x 输入，也无 Z 输出。实际使用时，CLK 脉冲既作为同步信号又作为输入信号，而触发器的状态作为时序电路的输出。因此，它是一个摩尔型的同步时序电路。

思考题　为什么计数器工作前必须设置一个初态？常用的初态是什么？

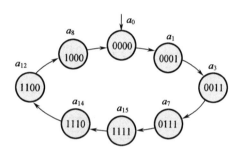

图 3.51　有效序列状态图

3.7　同步时序逻辑设计

3.7.1　同步时序逻辑设计方法和步骤

所谓时序逻辑设计，就是最终要画出实现给定逻辑功能的时序电路。事实上，时序逻辑设计恰好是时序逻辑分析的逆过程。因此，同步时序逻辑电路的设计步骤如下：

（1）根据设计要求建立原始状态表。

（2）对原始状态表进行简化，以求得到一个简化的状态表。

（3）状态编码。简化状态表中每个状态都是用一个符号代表，必须分别用一个二进制代码来代替，以使状态表转换为状态转移表。

（4）由状态转移表建立最简激励函数及输出函数表达式，完成组合逻辑设计。

（5）画出逻辑图。

【例 13】　用与非门和 D 触发器设计一个同步时序逻辑电路，以检测输入的信号序列是否为连续的"110"。

解　(1)确定输入变量及输出函数。

由题意可知，该时序逻辑电路只有一个输入变量，记为 x，它是一个二进制序列；也只有一个输出函数，记为 Z，要求它能给出检测信号，以表明输入 x 是否为连续的"110"序列。

(2)确定所要设计逻辑电路的内部状态，即建立原始状态表。

设该逻辑电路初态为 a，根据题意，可列出在不同 x 序列输入下，电路状态的变化规律及输出 Z 值，如图 3.52 所示。图中，箭头线上面的数字表示 x 的输入序列，箭头线所指的圆圈表示所建立的状态，其斜线下的数字是输出 Z 之值。例如，当电路处于初态 a 时，若输入 $x=0$，则进入状态 b，且输出为 0；若输入 $x=1$，则进入状态 c，且输出为 0。当电路处于状态 c 时，若 $x=0$，则进入状态 f，且输出为 0；若 $x=1$，则进入状态 g，且输出为 0。当电路处于状态 g 时，若 $x=0$，则进入 f 状态，且输出为 1，这是因为至此输入的 x 序列已是"110"；若 $x=1$，则进入 g 状态，且输出为 0，因为至此输入的 x 序列是"111"而不是"110"。为什么输入序列 x 在 110 后，不再假定电路进入另一个新状态，而肯定进入已假定的 f 状态呢？这是因为，通过二叉树搜索，对检测一个连续输入序列"110"而言，仅需三个时刻的输入"110"有效即可，故用 f 状态即可"记往"。x 输入序列三种组合下，设置 8 个状态足以够用。根据图 3.52，可建立该逻辑电路的原始状态表，如表 3.17 所示。

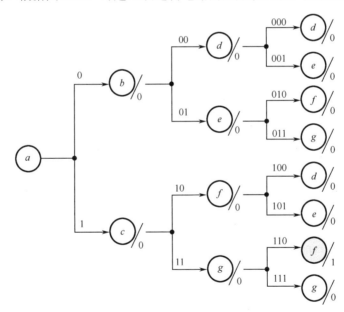

图 3.52　不同输入序列下状态变化规律

表 3.17　原始状态表

PS	NS, Z	
	$x=0$	$x=1$
a	$b,0$	$c,0$
b	$d,0$	$e,0$
c	$f,0$	$g,0$
d	$d,0$	$e,0$
e	$f,0$	$g,0$
f	$d,0$	$e,0$
g	$f,1$	$g,0$

表 3.18　中间状态表

PS	NS, Z	
	$x=0$	$x=1$
a	$q_1,0$	$q_2,0$
q_1	$q_1,0$	$q_2,0$
q_2	$q_1,0$	$g,0$
g	$q_1,1$	$g,0$

(3) 状态化简，建立最简化状态表。

设置电路状态的目的在于利用这些状态记住输入的历史情况，以对其后的输入作出不同的响应。如果所设置的两个状态对现时刻的任何输入，其所产生的输出及建立的次态完全相同，则这两个状态视为一个状态，可以进行合并。

考察表 3.17，发现状态 b, d, f 在输入 $x=0$ 或 1 时，所产生的输出都为 0，且所建立的次态都为 d 或 e，故这三个状态可以合并为一个状态，记为 $q_1=\{b,d,f\}$。同理，表 3.17 中状态 c, e 也可合并为一个状态，记为 $q_2=\{c,e\}$。令 q_1 代替表 3.17 中的状态 b,d,f,用 q_2 代替表中的状态 c,e，则得表 3.18 所示的中间状态表。

进一步考察中间状态表，a 和 q_1 合并为一个状态，记为 $S_1=\{a,q_1\}$，并把 q_2 记为 S_2，g 记为 S_3，则得表 3.19 所示最简状态表。

由上可知，通过状态化简可将原来的 7 个状态减少为 3 个状态，从而可以使所设计的逻辑电路更简单。

根据表 3.19，可画出所设计电路的米里型状态图，如图 3.53 所示。

表 3.19　最简状态表

PS	NS，Z	
	$x=0$	$x=1$
S_1	$S_1,0$	$S_2,0$
S_2	$S_1,0$	$S_3,0$
S_3	$S_1,1$	$S_3,0$

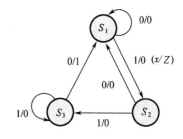

图 3.53　由最简状态表所得的状态图

(4) 状态编码，即对所确定的状态 $S_1\sim S_3$ 指定二进制代码。

同步时序电路的状态是通过触发器实现的，三种状态至少选用两个触发器 y_1 和 y_2，它有 00, 01, 10, 11 四种组合。那么究竟选用其中哪三个作为状态 $S_1\sim S_3$ 的编码呢?这就是编码要解决的问题。现设定 $S_1=\overline{y_2}\,\overline{y_1}$, $S_2=y_2\overline{y_1}$, $S_3=y_2y_1$，由此可以画出序列检测器的组成框图，如图 3.54(a) 所示。图中两个触发器为 D 触发器，这是设计题目所要求的。显而易见，下一步要做的工作是设计图中的组合逻辑电路。

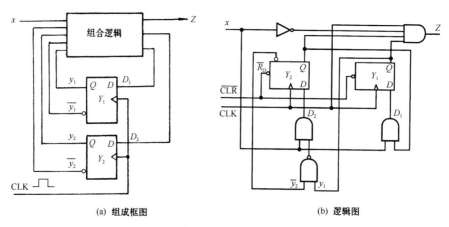

(a) 组成框图　　　　　(b) 逻辑图

图 3.54　序列检测器组成框图(a) 及逻辑图(b)

(5) 确定输出函数及激励函数。为了确定输出函数及激励函数表达式，需先列出状态转移真值表。为此将选定的状态编码代入表 3.19，即可置换得到编码状态表。但对设计组合逻辑电路来说，我们需要的是激励函数 (D_2, D_1) 表达式。为此，可利用编码状态表给定的次态与现态的真值关系，并借助 D 触发器的激励表，找出输入 x，现态 y_2, y_1 与次态 $y_2^{n+1}, y_1^{n+1}(D_2, D_1)$ 的真值关系，如表 3.20 所示。

表 3.20　激励、输出函数真值表

输入条件 C	现态 PS		次态 NS		激励		输出
x	y_2	y_1	y_2^{n+1}	y_1^{n+1}	D_2	D_1	Z
0	0	0	0	0	0	0	0
0	1	0	0	0	0	0	0
0	1	1	0	0	0	0	1
1	0	0	1	0	1	0	0
1	1	0	1	1	1	1	0
1	1	1	1	1	1	1	0

根据表 3.20，用 PS 表示现态，NS 表示次态，C 表示输入条件，我们可得到一个重要的设计公式：

$$\text{NS} = \sum \text{PS} \cdot C \tag{3.23}$$

该公式表明，次态 NS 为逻辑"1"的各种情况都要考虑，因此需按每一种情况对应的 PS 状态和输入条件 C 先相"与"，然后再相加。

例如，表 3.20 中 y_2^{n+1} 值为 1 的有 3 项，y_1^{n+1} 值为 1 的有 2 项，由此可得次态激励函数表达式如下：

$$y_2^{n+1} = D_2 = \overline{y_2}\,\overline{y_1}x + y_2\overline{y_1}x + y_2y_1x = (y_2 + \overline{y_1})x = \overline{\overline{y_2}y_1} \cdot x$$
$$y_1^{n+1} = D_1 = y_2\overline{y_1}x + y_2y_1x = y_2x$$

同理，输出函数表达式如下：

$$Z = y_2y_1\overline{x}$$

(6) 画逻辑图，考虑工程问题。

根据上述逻辑表达式及图 3.54(a)，可画出由与非门及 D 触发器组成的同步 110 序列检测器逻辑电路，见图 3.54(b)。图中将 CLK 脉冲加在输出门上，使输出 Z 与 CLK 脉冲同步，即 Z=1 时有 CLK 脉冲输出，Z=0 时无 CLK 脉冲输出。

思考题　采用 D 触发器和采用 JK 触发器设计上面问题，哪种方法方便？为什么？

3.7.2　建立原始状态表的方法

根据设计要求建立原始状态表，必须把设计要求完全地反映到状态表中，才能最后得到正确的结果。这一步相当于建立数学模型。但这一步对初学者来说是比较困难的，因为构成状态表时，没有严格的步骤可循，主要依靠设计者的理解和经验。目前采用的方法仍然是直观的经验方法。限于篇幅，下面仅说明常用的直接构图法。

直接构图法的基本思想是，根据文字描述的设计要求，先假定一个初态；从这个初态开始，每加入一个输入，就可确定其次态；该次态可能就是现态本身，也可能是已有的另一个状态，或是新增加的一个状态。这个过程一直继续下去，直至每一个现态向其次态的转换都已被考虑，并且不再构成新的状态。总之，可对输入序列进行记忆，也可对输入序列产生的结果进行记忆，关键是要弄清有多少信息需要记忆，从而确定需要多少个状态。

【例 14】 同步时序电路有一个输入端和一个输出端，输入为二进制序列 $x_0x_1x_2\cdots$。当输入序列中 1 的数目为奇数时输出为 1，作出这个时序奇偶校验电路的状态图和状态表。

解 此题只需设两个内部状态即可。状态 B 表示接收到的序列中 1 的数目为偶数，输出为 0；状态 A 表示接收到的序列中 1 的数目为奇数，输出为 1。然后，再依据接收到的数据是 0 或是 1，在这两个状态中相互转换即可。状态图如图 3.55 所示。由此，可作出状态表如表 3.21 所示。

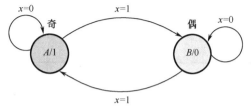

图 3.55　例 14 的状态图

表 3.21　例 14 的状态表

PS	NS		Z
	$x=0$	$x=1$	
A	A	B	1
B	B	A	0

【例 15】 十字路口交通控制灯有红(R)、黄(Y)、绿(G)三色，红灯、绿灯各显示 25s，黄灯显示 4s。通行道、停止道的四种灯组合情况见图 3.56(a)所示。请画出交通控制灯的状态图。

解 设 T_1 为 25s，T_2 为 4s。由题意可知，通行道、停止道 6 个灯的组合状态有 4 种，故设 a，b，c，d 四种状态。状态图见图 3.56(b)所示。

思考题 你能从 3.56(b)的状态图，列出对应的状态表吗？

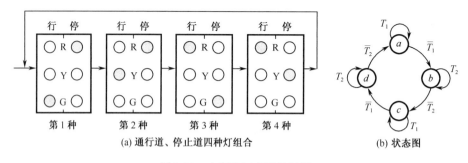

(a) 通行道、停止道四种灯组合　　　　　(b) 状态图

图 3.56　十字路口交通控制灯

3.7.3 状态编码

对状态表中的状态进行编码，需解决两个问题：一是根据所要求的状态数，确定触发器的个数，二是指定每个状态的二进制代码，使所设计的电路最简单。目前常用的方法有一对一法和计数器法。

采用"一对一法"时，一个状态用一个触发器实现，虽然触发器数目较多，但编码方法非常简单。

假设状态数为 N，用"计数器法"来实现时，需要 K 个触发器，则应满足 $2^K \geq N$ 的关系。此时需要对状态表中的各状态给予不同的编码。

【例 16】　图 3.57 表示某个时序机的状态图和状态表。时序机一般用做控制器，其特点是输入变量(控制变量)比较多，逻辑复杂。当输入变量多于 3 个时，状态图(或状态表)将十分复杂。请采用文字表示转换条件的方法，将图 3.57(a)改造成等价的 MDS 状态图及其状态表。

解　图 3.57 所示的状态图有 4 个状态 S_0，S_1，S_2，S_3。因为有两个输入变量 X_1，X_2，从每个状态最多发出 4 条射线，或者说有 4 个不同的次态。MDS 图是用文字表示的状态图，现将其中二进制代码表示的输入条件用文字来表示，可得到图 3.58 所示的 MDS 状态图及其状态表。

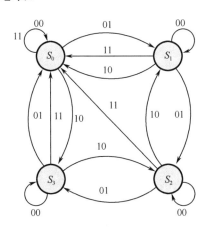

状态表

PS（现态）	NS(次态)			
	X_1　X_2			
	00	01	10	11
S_0	S_0	S_1	S_3	S_0
S_1	S_1	S_2	S_0	S_1
S_2	S_2	S_3	S_1	S_0
S_3	S_3	S_0	S_2	S_0

图 3.57　时序机的状态图和状态表

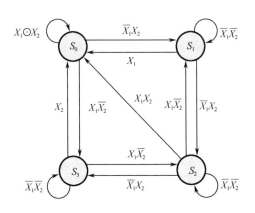

MDS 状态表

PS(现态)	NS(次态)	转换条件
S_0	S_0	$X_1 \odot X_2$
	S_1	$\overline{X_1} X_2$
	S_3	$X_1 \overline{X_2}$
S_1	S_0	X_1
	S_1	$\overline{X_1} \overline{X_2}$
	S_2	$\overline{X_1} X_2$
S_2	S_0	$X_1 X_2$
	S_1	$X_1 \overline{X_2}$
	S_2	$\overline{X_1} \overline{X_2}$
	S_3	$\overline{X_1} X_2$
S_3	S_0	X_2
	S_2	$X_1 \overline{X_2}$
	S_3	$\overline{X_1} \overline{X_2}$

图 3.58　MDS 状态图及其状态表

表 3.22　一对一法状态编码表

状态 \ 触发器	Q_A	Q_B	Q_C	Q_D
S_0	1	0	0	0
S_1	0	1	0	0
S_2	0	0	1	0
S_3	0	0	0	1

【例 17】　用"一对一法"实现图 3.58 所示的时序机。

解　所谓"一对一法",就是状态编码采用"每个状态使用一个触发器"。图 3.58 的状态图有 4 个状态,故应使用 4 个触发器,设为 Q_A,Q_B,Q_C,Q_D,而 4 个状态的编码如表 3.22 所示。

根据"一对一法"状态编码方式,可将图 3.58 转换为图 3.59 的形式。

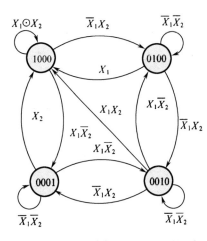

状态转移表

PS(现态)				NS(次态)				转换
Q_A	Q_B	Q_C	Q_D	Q_A	Q_B	Q_C	Q_D	条件
1	0	0	0	1	0	0	0	$X_1 \odot X_2$
				0	1	0	0	$\overline{X_1}X_2$
				0	0	0	1	$X_1\overline{X_2}$
0	1	0	0	1	0	0	0	X_1
				0	1	0	0	$\overline{X_1}\overline{X_2}$
				0	0	1	0	$\overline{X_1}X_2$
0	0	1	0	1	0	0	0	X_1X_2
				0	1	0	0	$X_1\overline{X_2}$
				0	0	1	0	$\overline{X_1}\overline{X_2}$
				0	0	0	1	$\overline{X_1}X_2$
0	0	0	1	1	0	0	0	X_2
				0	0	1	0	$X_1\overline{X_2}$
				0	0	0	1	$\overline{X_1}\overline{X_2}$

图 3.59　"一对一法"表示的 MDS 状态图和状态转移表

"一对一法"中,每个状态的状态方程等于指向该状态的各个箭头的根状态与其转移条件的乘积之和,即利用如下设计公式:

$$NS = \sum PS \cdot C \tag{3.24}$$

式中,NS 是箭头的目的状态(次态),PS 是箭头的根状态(现态),C 是转换条件。

例如

$$S_0 = S_0(X_1 \odot X_2) + S_1 X_1 + S_2 X_1 X_2 + S_3 X_2$$

符号⊙表示"同或"运算。因为状态与触发器是一对一的,所以有激励方程如下:

$$Q_A = Q_A(X_1 \odot X_2) + Q_B X_1 + Q_C X_1 X_2 + Q_D X_2$$
$$Q_B = Q_A \overline{X_1} X_2 + Q_B \overline{X_1}\overline{X_2} + Q_C X_1 \overline{X_2}$$
$$Q_C = Q_B \overline{X_1} X_2 + Q_C \overline{X_1}\overline{X_2} + Q_D X_1 \overline{X_2}$$
$$Q_D = Q_C \overline{X_1} X_2 + Q_D \overline{X_1}\overline{X_2} + Q_A X_1 \overline{X_2}$$

图 3.60 画出了"一对一法"实现的四状态时序机的逻辑图。

【例 18】 用"计数器法"实现图 3.58 所示的时序机。

解 所谓"计数器法"是对状态按二进制码编码。图 3.58 的状态图有 4 个状态,可使用两个触发器 Q_1 和 Q_2,4 个状态可依次编码成 00,01,10,11,如表 3.23 所示。

根据计数器法状态编码方式,可将图 3.58 转换成图 3.61 的形式。

表 3.23　计数器法状态编码表

状　态	触发器	
	Q_2	Q_1
S_0	0	0
S_1	0	1
S_2	1	0
S_3	1	1

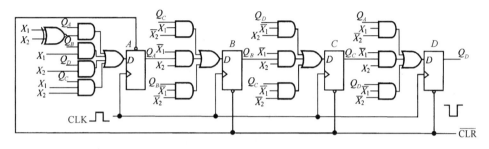

图 3.60　"一对一法"实现的四状态时序机逻辑图

状态转移表

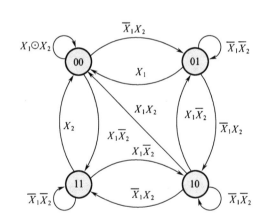

PS(现态)		NS(次态)		转换
Q_2	Q_1	Q_2	Q_1	条件
		0	0	$X_1 \odot X_2$
0	0	0	1	$\overline{X_1}X_2$
		1	1	$X_1\overline{X_2}$
		0	0	X_1
0	1	0	1	$\overline{X_1}\,\overline{X_2}$
		1	0	$\overline{X_1}X_2$
		0	0	X_1X_2
1	0	0	1	$X_1\overline{X_2}$
		1	0	$\overline{X_1}\,\overline{X_2}$
		1	1	$\overline{X_1}X_2$
		0	0	X_2
1	1	1	0	$X_1\overline{X_2}$
		1	1	$\overline{X_1}\,\overline{X_2}$

图 3.61　"计数器法"表示的 MDS 状态图和状态转移表

"计数器法"可采用"一对一法"的基本方法。但更简单的方法是使用图 3.61 中的状态转移表。表中次态一栏 Q_2 有 6 行为 1,Q_1 也有 6 行为 1,只要把这 6 行对应的 C 和 PS 的积相加,即利用公式 $\mathrm{NS}=\sum \mathrm{PS} \cdot C$,可得 Q_2,Q_1 的激励方程表达式:

$$Q_2 = \overline{Q_2}\,\overline{Q_1}X_1\overline{X_2} + \overline{Q_2}Q_1\overline{X_1}X_2 + Q_2\overline{Q_1}\overline{X_1}\,\overline{X_2} + Q_2\overline{Q_1}X_1\overline{X_2} + Q_2Q_1X_1\overline{X_2} + Q_2Q_1\overline{X_1}\,\overline{X_2}$$
$$= \overline{Q_2}Q_1X_1\overline{X_2} + \overline{Q_2}Q_1\overline{X_1}X_2 + Q_2\overline{Q_1}\overline{X_1} + Q_2\overline{Q_1}\overline{X_2}$$

$$Q_2 = \overline{Q_2}\,\overline{Q_1}\overline{X_1}X_2 + \overline{Q_2}\,\overline{Q_1}X_1\overline{X_2} + \overline{Q_2}Q_1\overline{X_1}\,\overline{X_2} + Q_2\overline{Q_1}\overline{X_1}X_2 + Q_2Q_1\overline{X_1}\,\overline{X_2} + Q_2Q_1\overline{X_1}X_2$$
$$= Q_1\overline{X_1}\,\overline{X_2} + \overline{Q_1}\overline{X_1}X_2 + \overline{Q_1}X_1\overline{X_2}$$

图 3.62 画出了"计数器法"实现的时序机逻辑图。

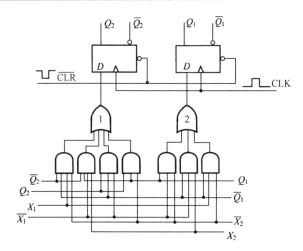

图 3.62　"计数器法"实现的四状态时序机逻辑图

小　结

时序逻辑电路的特征是：电路的输出不仅和当前的输入有关，而且和以前的输入有关。因此，这类电路必须具有记忆能力。

时序逻辑电路中使用的记忆元件是锁存器和触发器。常用的触发器是边沿触发的 D 触发器和 JK 触发器。就基本工作原理而言，CMOS 触发器和 TTL 触发器是相同的，但从具体构成和使用来看，两者有不少差别。

寄存器和移位寄存器是数字系统中最常用的时序逻辑电路构件，其功能是：在某一时刻将数据并行打入其中进行保存，或通过移位寄存器的移位功能实现数据左移、右移、并入并出、串入并出、并入串出等逻辑功能。

计数器是数字系统中最常用的另一类时序逻辑电路构件，其功能是记忆脉冲的个数。根据计数的进位方式不同，分为同步计数器和异步计数器两大类。在同步计数器中，所有触发器的时钟都与同一个时钟脉冲源连在一起，每一个触发器的状态变化都与时钟脉冲同步。在异步计数器中，各触发器的时钟不是来自同一个时钟脉冲源，当状态变化时，有的触发器与时钟源同步，有些则要滞后一些时间。

一般的时序逻辑电路按其状态的改变方式不同，分为同步时序逻辑电路和异步时序逻辑电路两大类。前者是在同一个时钟脉冲控制下改变状态，而后者则是在输入信号(脉冲或电位)控制下改变状态。同步时序逻辑电路工作速度快，应用广泛，故本书重点讲同步时序逻辑电路。

同步时序逻辑电路的分析方法是：① 根据已知电路写出激励方程和输出方程；② 由激励方程和触发器特征方程写出触发器的状态方程；③ 作出状态转移表和状态图；④ 进一步分析其逻辑功能。

同步时序逻辑电路的设计过程恰好是分析过程的逆过程：① 根据设计要求建立状态表；② 求得一个简化的状态表；③ 状态编码；④ 由状态转移表求出次态方程，然后再求出触发器激励方程和输出方程，完成组合逻辑部分的设计；⑤ 画出逻辑图，考虑工程问题。

利用 NS=$\sum$PS$\cdot C$ 公式进行同步时序逻辑电路设计的方法必须掌握。

习　　题

1. 由与非门构成的触发器电路如图 P3.1 所示，请写出触发器的次态方程，并根据已给波形画出输出 Q 的波形，设初始状态为 1。

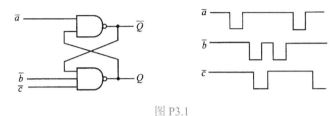

图 P3.1

2. 按钮开关在转换时由于簧片颤动，使信号也出现抖动，因此采用图 P3.2 所示的 RS 触发器组成防抖动电路。说明其工作原理，并画出对应输入波形的输出波形。

3. 已知 JK 信号如图 P3.3 所示，请画出负边沿 JK 触发器的输出波形。设触发器的初态为 0。

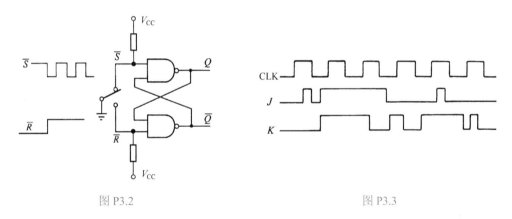

图 P3.2　　　　　　　　　　　　　　　图 P3.3

4. 写出图 P3.4 所示触发器次态方程，指出 CLK 脉冲到来时，触发器置"1"的条件。

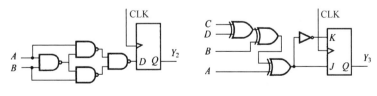

图 P3.4

5. 写出图 P3.5 中各触发器次态方程，并按所给的 CLK 信号，画出各触发器的输出波形(设初态为 0)。

6. 现有一片 74LS299 8 位通用移位寄存器，一片 8 位 74LS373 锁存器，另有一个 D 触发器和一个与非门，请设计实现 8 位数据的串行→并行转换器。要求画出逻辑图，并列出 8 个 CP 时钟作用下，74LS299 的每个数据输出端码字变化情况。假设第 1 个 CP 到来时，码字最低位 d_0 由右移串入端送入 Q_A，第 8 个 CP 到来时，码字最高位 d_7 由右移串入端送入 Q_A。

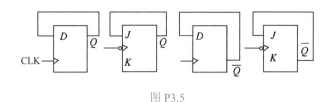

图 P3.5

7. 分析图 P3.6 所示的同步计数电路，作出状态转移表和状态图。它是几进制计数器?能否自启动?画出在时钟作用下各触发器输出波形。

8. 分析图 P3.7 所示电路逻辑图，试作出状态转移表和状态图，确定其输出序列。

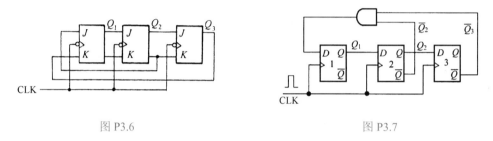

图 P3.6   图 P3.7

9. 用 D 触发器设计按循环码(000→001→011→111→101→100→000)规律工作的六进制同步计数器。

10. 用 D 触发器设计 3 位二进制加法计数器，并画出波形图。

11. 用图 P3.8 所示的电路结构构成五路脉冲分配器，试分别用最简与非门电路，及 74LS138 集成译码器来构成这个译码器，并分别画出连接图。

12. 图 P3.9 是一种构成任意模值计数器的连接方式。若要连接成 12 进制加法计数器，预置值应为多少?画出状态及输出波形图。注意 Q_D 的波形有什么特点。

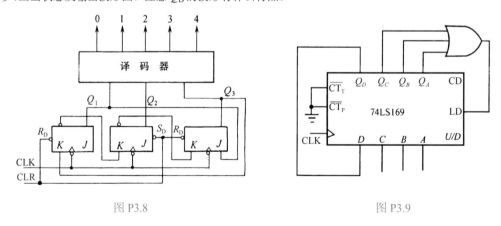

图 P3.8   图 P3.9

13. 分析图 P3.10 所示的同步时序逻辑电路，作出状态转移表和状态图，说明它是米里型电路还是摩尔型电路。当 x=1 和 x=0 时，电路分别完成什么功能?

14. 分析图 P3.11 所示同步时序电路，作出状态转移表和状态图，说明这个电路能对何种序列进行检测?

15. 作"101"序列信号检测器的状态表，凡收到输入序列 101 时，输出就为 1，并规定检测的 101 序列不重叠，如 x=010101101， Z=000100001。

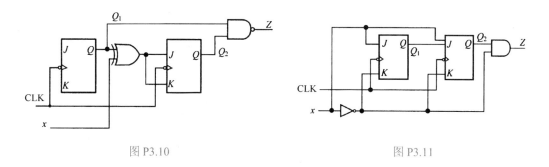

图 P3.10   图 P3.11

16. 某计数器的输出波形如图 P3.12 所示。

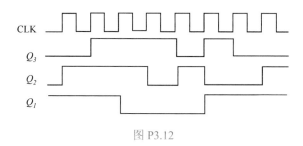

图 P3.12

(1) 试确定该计数器的计数循环中有几个状态;

(2) 画出状态转移图,列出状态转移真值表;

(3) 若使用 D 触发器,写出激励方程表达式;

(4) 画出计数器电路图。

17. 对表 P3.1 的时序电路状态表进行状态编码,作出编码后的状态转移表,并用 D 触发器和与非门加以实现。

表 P3.1

PS	NS	
	$x=0$	$x=1$
A	$C, 1$	$D, 1$
B	$B, 0$	$C, 1$
C	$C, 1$	$A, 0$
D	$D, 0$	$C, 0$
E	$E, 0$	$C, 0$
F	$F, 0$	$C, 1$

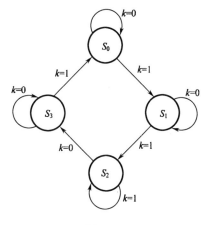

图 P3.13

18. 某时序机状态图如图 P3.13 所示,请用"一对一法"设计其电路。

19. 某时序机状态图如图 P3.13 所示,请用"计数器法"设计其电路。

第 4 章

存 储 逻 辑

存储逻辑是时序逻辑和组合逻辑相结合的产物，也是构成可编程逻辑器件的技术基础。

能够存储 $m \times n$ 个二进制比特数的逻辑电路，我们称之为存储器。其中 m 表示字的个数，n 表示一个字的长度(比特数)。本章先讲特殊存储部件，然后重点讲述通用存储器 SRAM, DRAM, ROM, EPROM, E^2PROM, FLASH 的存储原理和结构。

4.1 特殊存储部件

常用的特殊存储部件有寄存器堆、寄存器队列、寄存器堆栈。它们的共同特点是用寄存器组成，存储容量小，逻辑结构简单，工作速度快，因此在计算机等数字系统中得到了非常广泛的应用。

4.1.1 寄存器堆

我们知道，一个寄存器是由 n 个触发器或锁存器按并行方式输入且并行方式输出连接而成。它只能记忆 1 个字，1 个字的长度等于 n 个比特。

当需要记忆 4 个、8 个、16 个、32 个更多的字时，1 个寄存器就不够用了。换言之，需要有 4 个以上更多的寄存器。在这种情况下，这些集中使用的寄存器组的逻辑结构称为寄存器堆，它实际上是一个容量极小的存储器。

图 4.1 为寄存器堆的逻辑结构与原理示意图，它由寄存器组、地址译码器、多路开关 MUX 及多路分配器 DMUX 等部分组成。向寄存器写数或读数，必须先给出寄存器的地址编号。写数时，控制信号 WR 有效，待写入的数据经 DMUX 送到地址给定的某个寄存器。读数时，控制信号 RD 有效，由地址给定的某个寄存器的内容(数据)经多路开关 MUX 送出。由于读/写工作是分时进行的，所以寄存器组在逻辑上能满足写数或读数的需要。

图 4.1 所示的寄存器堆每次只读出一个寄存器的数。而图 4.2(a)示出具有两个端口输出的寄存器堆的逻辑结构示意图，它可以同时从寄存器堆中取出 A，B 两个数。按其图所示，地址线宽度为 4 位，因而有 16 个通用寄存器。寄存器的选择由 A 地址或 B 地址指定。读数时，读命令控制信号 RD 有效，所以由 A 地址和 B 地址指定的两个寄存器的数据分别送到端口 A 和端口 B。写数时，待存入的数据放到输入端，并给出 B 地址，当写命令 WR 有效时，数据按 B 地址指定的寄存器编号写入到该寄存器。注意，写入控制只能用 B 地址实现。

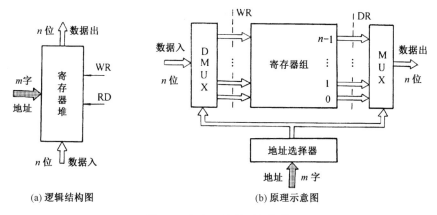

(a) 逻辑结构图　　　(b) 原理示意图

图 4.1　寄存器堆的逻辑结构

图 4.2(a) 所示的寄存器堆结构非常有用，它可以与加法器一起构成一个最简单的运算器，如图 4.2(b) 所示。为了时间上进行缓冲，加法器和寄存器堆之间加入了两个寄存器。

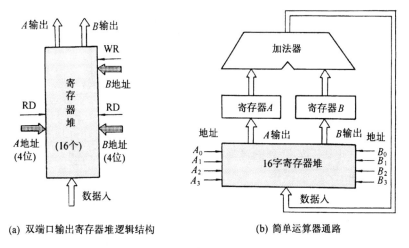

(a) 双端口输出寄存器堆逻辑结构　　(b) 简单运算器通路

图 4.2　双端口寄存器堆及其应用

思考题　你能说出寄存器堆工作需要的三组外部信号线名称吗？

4.1.2　寄存器队列

寄存器队列是以 FIFO(先进先出)方式用若干个寄存器构建的小型存储部件。图 4.3 画出了它的逻辑结构示意图。

我们假定寄存器队列由 8 个寄存器串行连接而成，因此它的存储容量为 8 个字。队列中原先没有数，是空队列，用网点阴影表示。设有 A,B,C,D,E,F,G,H 共 8 个字要进入队列，A 数在前，H 数末尾。图 4.3(a) 中，A 数在时钟控制下由外部进入队列寄存器 1，其他队列寄存器仍然没有数。

图 4.3(b) 中，B 数在时钟控制下由外部进入寄存器 1，而寄存器 1 中的 A 数同步进入寄存器 2，其他队列寄存器仍然没有数。

依此类推，C,D,E,F,G 各数进入队列的过程与图 4.3(b) 过程类似。

图 4.3(c)中，末尾的 H 数进入寄存器 1，G 数进入寄存器 2，F 数进入寄存器 3，E 数进入寄存器 4，……，第 1 个数 A 进入寄存器 8。此时队列已占满，首先进入队列的 A 数也首先从队列中输出，这就是先进先出的来由。

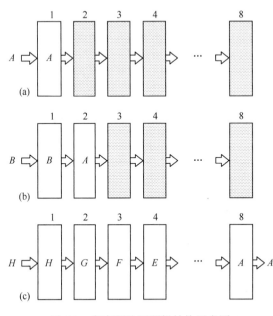

图 4.3   寄存器队列逻辑结构示意图

寄存器队列在流水计算机系统中得到了很好的应用，是时间并行技术的重要功能部件。

思考题   你能画出寄存器队列的逻辑框图吗？

4.1.3   寄存器堆栈

寄存器堆栈是以 LIFO(后进先出)方式用若干个寄存器构造的小型存储部件，其特点是最后写入的数据最先读出，功能上与寄存器队列正好相反。

图 4.4(a)表示由 m 个寄存器组成的串联堆栈结构示意图。其中寄存器 1 称为堆栈的栈顶，寄存器 m 称为堆栈的栈底。各寄存器之间可以双向传送数据，但必须是相邻顺序传送。

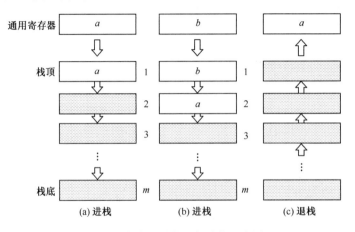

图 4.4   寄存器堆栈逻辑结构示意图

例如数据 a 由通用寄存器压进堆栈时，必须先将数据传送到栈顶寄存器。当新的数据 b 又要从通用寄存器压进堆栈时，原来栈顶寄存器中的数据 a 应传送到寄存器 2，同时将数据 b 压入栈顶寄存器 1，如图 4.4(b) 所示。依此类推，这种进栈操作可以同步进行。

由于寄存器堆栈的容量 m(如 8 个、16 个、32 个) 是有限的，当数据压入堆栈的个数超过堆栈容量即栈底地址 m 时，堆栈便发生溢出，保存的数据遭到破坏，必须避免。

退栈的操作刚好相反。如图 4.4(b) 所示，栈顶寄存器 1 的数据先弹出到数据缓冲寄存器，而最先进入的数据 a 传送到栈顶寄存器。当再次退栈操作时，栈顶寄存器中的数据 a 弹回到数据缓冲寄存器，堆栈变成空栈，里头没有任何数据，如图 4.4(c) 所示。

思考题　你能画出寄存器堆栈的逻辑框图吗？

4.2　随机读写存储器 RAM

4.1 节介绍的寄存器堆只存放有限的几个数据。本节所讲的半导体随机读写存储器，简称 RAM，它是数字计算机和其他数字系统的重要存储部件，可存放大量的数据。

目前大容量的 RAM 都采用 MOS 型存储器。根据存储元的存储机理不同，它分为 SRAM 和 DRAM 两种。它们的优点是读写方便，使用灵活；缺点是断电后 RAM 中的信息会丢失，所以是易失性存储器。

4.2.1　RAM 的逻辑结构

存储器的存储大小是以字节为单位的，1 字节即 8 位(8b)。表 4.1 展示了一系列存储单位，表 4.2 阐明了 1KB(1024B) 存储单元的 2 种不同逻辑结构。在表 4.2(a) 中，1KB 存储单元中有 1024 个单元，迷宫单元中可存储 1B 内容，一个 1024*8 的存储单元需要 10 位地址(2^{10}=1024) 来区分每一个 1B 单元。在表 4.2(b) 中，1024B 的存储单元含有 512 个位置，每个位置可存放 2B(16b) 数据，一个 512*16 的存储单元需要 9 位地址(2^9=512) 来区分每一个大小为 2B 的单元。

表 4.1　存储单元大小实例

单元	读法	实际大小	近似大小
1KB	One kilobyte	2^{10} = 1024 字节	10^3B
1MB	One megabyte	2^{20} = 1 048 576 字节	10^6B
1GB	One gigabyte	2^{30} = 1 073 741 824 字节	10^9B
1TB	One terabyte	2^{40} = 1 099 511 627 776 字节	10^{12}B

表 4.2　两种包含任意内容的 1KB 存储大小逻辑结构示意图

(a) 1K*8 存储器			(b) 512*16 存储器		
地址		数据	地址		数据
十进制	二进制（10 位）	8 位内容	十进制	二进制（9 位）	16 位内容
0	0000000000	0001 0001	0	000000000	0001 0001 0001 0001
1	0000000001	1000 0111	1	000000001	1000 0111 0000 1111
2	0000000010	0011 1100	2	000000010	0011 1100 1010 1010

续表

(a) 1K*8 存储器			(b) 512*16 存储器		
地址		数据	地址		数据
十进制	二进制（10位）	8位内容	十进制	二进制（9位）	16位内容
3	0000000011	1100 0000	3	000000011	1100 0000 0000 0011
	...			...	
	...			...	
	...		512	111111111	1000 0001 1100 0001
	...				
1024	1111111111	1000 0001			

图 4.5 示出了 RAM 的逻辑结构图，其主体是存储矩阵，另有地址译码器和读写控制电路两大部分。读写控制电路中还有片选控制和输入输出缓冲器等，以便组成双向 I/O 数据线。

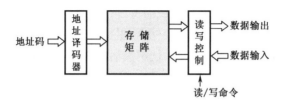

图 4.5　RAM 的逻辑结构图

存储矩阵是由许多排成阵列形式的存储元组成，每个存储元能存储一位二进制数据（0 或 1），对应一个比特，所以，存储元的总数目决定了存储器的容量。通常将存储矩阵排列成若干行和若干列。例如，一个存储矩阵有 64 行、64 列，那么存储矩阵的存储容量为 $64 \times 64 = 4096$ 个比特。有时存储容量用字节 B 做单位（1B=8bit），也用字数来表示。

地址译码器的作用是对外部输入的地址码进行译码，以便唯一地选择存储矩阵中的一个存储单元(由一组有序排列的存储元组成)，它对应一个字。读写电路只能对被选中的存储单元进行读出或写入操作，不能对一个存储元进行读写操作。注意，存储单元是由存储元组成的，两者在概念上是不同的。它们的关系相当于楼层号和房间号。

片选控制电路的作用是保证只有该存储芯片被选中时，才可对被选中的存储单元进行读出或写入操作。输出缓冲器采用三态输出电路，一方面便于组成双向数据通路，另一方面可以将几片存储器的输出并联，以扩充存储器容量。

总之，一个 RAM 有三组信号线：①地址线是单向的，它传送地址码(二进制数)，以便按地址码访问存储单元；②数据线是双向的，它将数据码(二进制数)送入存储矩阵或从存储矩阵读出；③读/写命令线是单向的，它是控制线，并且分时发送这两个命令，要保证读时不写，写时不读。

4.2.2　地址译码方法

存储器按存储矩阵组织方式不同，可分为单译码结构和双译码结构。

1. 单译码结构

单译码形式的存储矩阵结构如图 4.6 所示。图中共有 16×4 个存储元，可存储 16 个 4 位字长的二进制数据字。因此，存储单元数为 16，即每个存储单元存放一个字，每个字的长度为 4 位。

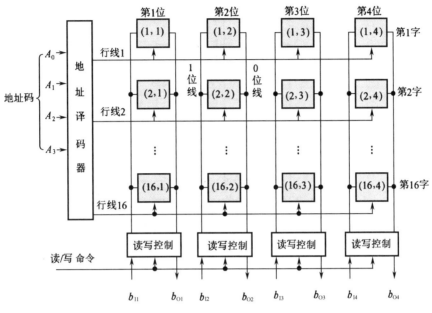

图 4.6   单译码结构存储矩阵

可以看出，每个存储元有一条字选择线(简称字线)，而每一行中所有存储元的字线都连在一起，并接到地址译码器的一个输出端。由于每次读/写时选中一个字的所有位，故又称为字结构形式。在此情况下，只有被字线选中的存储单元才可以进行数据信息的读出或写入操作，而未被选中的存储单元则处于维持状态。

每个存储元有两条传输数据的位线："1" 位线和 "0" 位线。每一列中，所有存储元的 "1" 位线和 "0" 位线分别连在一起，并且接到相应的读写电路上。写入时，数据由 b_{I1}，b_{I2}，b_{I3}，b_{I4} 线送入；读出时，数据由 b_{O1}，b_{O2}，b_{O3}，b_{O4} 线输出。

地址译码器的输入端是由地址线送来的 4 位地址码 $A_3 \sim A_0$，它有 2^4 条输出线，对应 16 个存储单元(字)。每输入一个 4 位的地址码，便可选择一个存储单元，从而同时读出或写入一个 4 位字长的数据字。

单译码结构的缺点是存储容量不可能做得很大，因此，只有在小容量存储器中才使用这种译码方式。

2. 双译码结构

双译码形式的存储器矩阵结构如图 4.7 所示。图中所示为一个 16 字×1 位的位结构形式的存储器，它有 x 和 y 两个地址译码器。每个存储元有两条选择线：x 方向的行选线和 y 方向的列选线。要组成一个完整的数据字，需要 z 方向扩展位数，变成三维存储矩阵结构。换句话说，要组成 16 位×8 位的存储器，需要 8 片这样的芯片叠加。

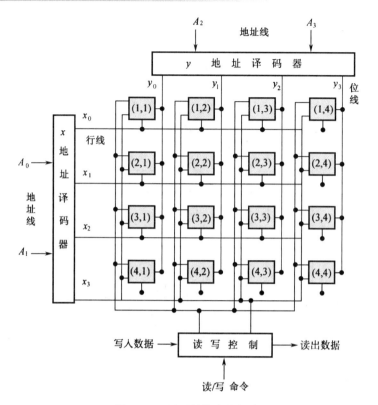

图 4.7　双译码结构存储矩阵

同一行中各存储元的行选线连在一起，并接到 x 地址译码器的一个输出端；同一列中各存储元的列选线连在一起，并接到 y 地址译码器的一个输出端。因此被选中的存储元一定是行选线和列选线有效时交叉点的那个存储元，并对此存储元进行读出或写入数据。由于每次只对一个存储元(某个字的一位)进行读出或写入操作，故称为位结构形式。x 地址译码器又称行地址译码器，y 地址译码器又称列地址译码器。

图 4.7 中地址码为 A_0, A_1, A_2, A_3，共 4 位，因此存储单元数为 $2^4=16$，每个单元中只存放一个字的 1 位。可以看出，采用双译码结构时，x 地址译码器输入为 A_0, A_1，输出有 4 条行选线，y 地址译码器输入为 A_2, A_3，输出有 4 条列选线，总共有 8 条字选线。与同样 16 字的单译码结构存储器相比，字选线减少了一半。存储器容量越大，双译码结构的优点越突出。例如，1024 字×1 位容量的存储器，其地址码为 10 位。若用单译码结构，地址译码器有 10 个输入端，$2^{10}=1024$ 条字选线；如果采用双译码结构，每个地址译码器有 5 个输入端，$2^5=32$ 条选择线，共计只有 64 条选择线。因此，双译码结构宜于构成大容量存储器。

4.2.3　SRAM 存储器

1. SRAM 存储元

SRAM 称为静态随机读写存储器，DRAM 称为动态随机读写存储器。两者的存储矩阵和译码结构基本相同，不同之处在存储元电路的存储机理不一样。

图 4.8 是 SRAM 中使用的存储元，它使用一个锁存器。当行选线高电平时，与非门打开，欲写入的数据 D_{in} 使锁存器置 1 或置 0($D_{in}=1$，锁存器置 1；$D_{in}=0$，锁存器置 0)。锁存

器通过 D_{out} 线对外输出，可与图 4.6 中的存储元相对应。当行选线处低电平时，与非门关闭，锁存器中的数据一直处于保持状态。只要外加电源存在，存储的 0 或 1 信息一直保存着。但是断电后信息会丢失，所以 SRAM 是易失性存储器。

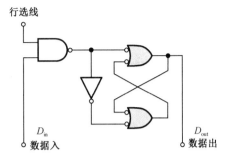

图 4.8　SRAM 存储元示意图

2. SRAM 存储器的基本结构

SRAM 芯片的位数可以组织成字长 1 位、4 位、8 位、16 位、32 位、64 位等。图 4.9(a)所示为 32K ×8 的 SRAM 逻辑图，它表示存储容量为 32K，字长 8 位。存储容量与 15 条地址线 $A_0 \sim A_{14}$ 相对应，即 2^{15}=32K，字长 8 位与输入输出线 $I/O_0 \sim I/O_7$ 相对应。$\overline{CS}$ 表示片选信号，当 $\overline{CS}$=0 时，该芯片被选中，可以进行读/写操作。$\overline{WE}$ 为读/写命令，当 $\overline{WE}$=0 时，SRAM 执行写操作，$\overline{WE}$=1 时，SRAM 执行读操作。$\overline{OE}$ 为输出使能信号，当 $\overline{OE}$=0 时，SRAM 允许输出数据。

图 4.9(b)示出 32K×8 位的 SRAM 内部结构图。注意存储矩阵是 256 行×128 列×8 位的三维结构。

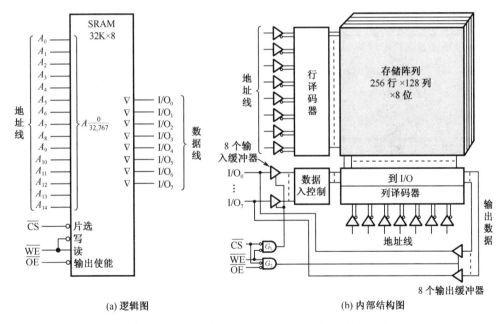

(a) 逻辑图　　　(b) 内部结构图

图 4.9　32K×8 位 SRAM 芯片逻辑图与内部结构图

SRAM 的工作过程如下：

写操作　行列地址译码有效，片选 $\overline{CS}$=低电平，$\overline{WE}$=低电平，8 个输入缓冲器被打开，8 个输出缓冲器被关闭(它们是互锁的)，写入数据通过 $I/O_0 \sim I/O_7$，经输入数据控制电路，再经列 I/O 电路写入到存储矩阵中译码指定的单元中去。

读操作　行列地址译码有效，片选 $\overline{CS}$=低电平，$\overline{WE}$=高电平，$\overline{OE}$=低电平，封锁 8 个输入缓冲器，打开 8 个输出缓冲器，矩阵中选中的存储单元的数据经列 I/O 电路 8 个输出缓冲器发送到 $I/O_0 \sim I/O_7$ 端。

4.2.4 DRAM 存储器

1. DRAM 存储元

动态随机读写存储器的存储元不使用锁存器，而是用 1 个小电容器。靠电容器的电荷来保存信息。这种形式的存储元的优点是非常简单，在一个芯片中容易做成非常大的存储阵列，而且位成本较低。然而存储在电容上的数据是以电荷形式存在，时间超过一定周期时因电荷泄漏而可能丢失所存信息，因此必须及时补充电荷，这种过程称为刷新或再生。

图 4.10 示出了 DRAM 存储元的基本操作。存储元本身的 MOS 晶体管仅仅起一个开关作用。存储元外面的输入缓冲器、输出缓冲器总是互锁的，它们与刷新缓冲器组合，完成写、读、刷新等操作。

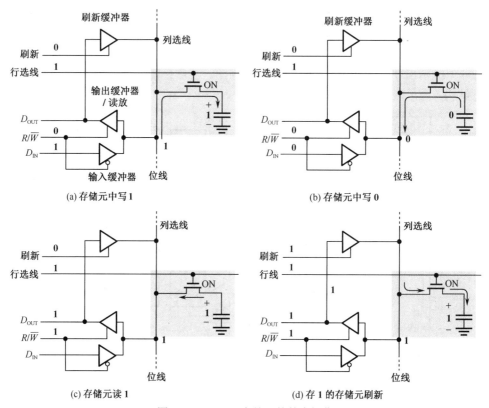

图 4.10   DRAM 存储元的基本操作

图 4.10(a)表示存储元写 1。此时行选择线高电平，MOS 管导通。读写命令 $R/\overline{W}$ =0，刷新缓冲器关闭，输入缓冲器打开，写入数据 D_{IN}=1，经输入缓冲器到位线，再经 MOS 管向电容器充电，相当于存储元中写入 "1"。

图 4.10(b)表示存储元写 0。条件与写 1 相同，只是写入数据 D_{IN}=0，经输入缓冲器到位线，使位线变低，从而使电容上的电荷放电，相当于存储元中写入 "0"。

图 4.10(c)表示存储元读 1。行选线为高，使 MOS 管导通，电容器上的 1 信号送到位线，刷新缓冲器关闭。读写命令 $R/\overline{W}$ =1，输出缓冲器打开，位线上的高电平信号输出到 D_{OUT}，即 D_{OUT}=1。

图 4.10(d)表示刷新操作。刷新缓冲器打开，刚刚读出的 $D_{OUT}=1$，经刷新缓冲器又回送到位线上，行选线=1，MOS 导通，因而使电容器又充电，存储元又写入"1"。可见读 1 操作时又刷新写了"1"。

2. DRAM 的基本结构

图 4.11 画出了 DRAM 存储器的结构框图。它的存储矩阵为 1024 行×1024 列×1 位，采用行、列双地址译码器。

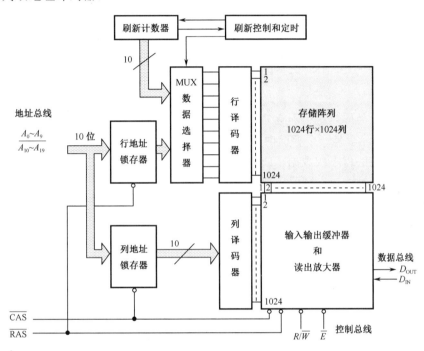

图 4.11 1M×1 位 DRAM 存储器框图

与 SRAM 不同的是，DRAM 增加了刷新计数器和刷新控制电路。它们提供一个行地址，按行地址定时地对存储器所有存储元进行刷新。其次，分设行地址寄存器和列地址寄存器，通过行选通信号 $\overline{RAS}$ 把地址总线上的行地址 $A_0 \sim A_9$ 打入行地址寄存器；通过列选通信号 $\overline{CAS}$ 把地址总线上的列地址 $A_{10} \sim A_{19}$ 打入列地址寄存器。这种行地址和列地址分时传送的原因，是由于芯片引脚数有限，因此 10 位地址总线上分两次传送 20 位地址。因此行选通信号 RAS 先有效（$\overline{RAS}=0$），列选通信号 $\overline{CAS}$ 后有效（$\overline{CAS}=0$）。如图 4.12 所示。

数据选择器是二选一的多路开关，可以选择行地址寄存器内容，也可以选择刷新计数器内容（按行刷新）。这样，一方面按行地址进行

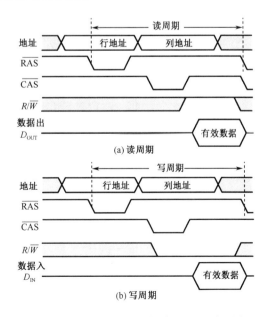

图 4.12 DRAM 存储器的读/写周期波形图

正常读/写操作，另一方面又按刷新计数器内容进行刷新操作，二者的工作可以交替进行。

4.3　只读存储器 ROM

与随机读/写的 RAM 不同，ROM 称为只读存储器。顾名思义，只读的意思是在它工作时只能读出，不能写入。然而其中存储的原始数据，必须在它工作以前写入。只读存储器由于工作可靠，保密性强，非易失性存储，因此在计算机等数字系统中得到了广泛的应用。

ROM 分掩模 ROM 和可编程 ROM 两类，后者又分为一次性编程的 PROM 和多次编程的 EPROM 和 E^{2}PROM。前者是鼻祖，后者是继承创新的产物。

4.3.1　掩模 ROM

1. 掩模 ROM 的阵列结构和存储元

掩模 ROM 实际上是一个存储内容固定的 ROM，由生产厂家提供产品。它包括广泛使用的具有标准功能的程序或数据，或提供用户定做的具有特殊功能的程序或数据，当然这些程序或数据均转换成二进制码。一旦 ROM 芯片做成，就不能改变其中的存储内容。大部分 ROM 芯片利用在行选线和列选线交叉点上的晶体管是导通或截止来表示存 1 或存 0。

图 4.13 表示一个 16×8 位的 ROM 阵列结构示意图。地址输入线有 4 条，单译码结构，因此 ROM 的行选线为 16 条，对应 16 个字(16 个存储单元)，每个字的长度为 8 位，所以列选线为 8 条。行、列线交叉点是一个 MOS 管存储元。当行选线与 MOS 管栅极连接时，MOS 导通，列线上为高电平，表示该存储元存 1。当行选线与 MOS 管栅极不连接时，MOS 管截止，表示该存储元存 0。此处存 1、存 0 的工作，在生产厂商制造 ROM 芯片时就做好了。

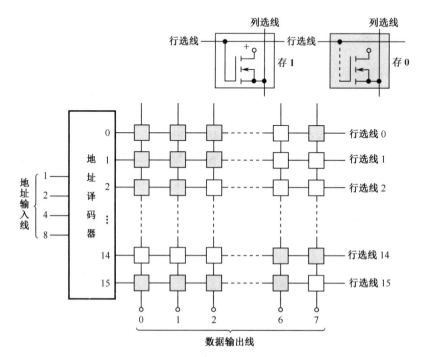

图 4.13　16×8 位 ROM 阵列结构示意图

2. 掩模 ROM 的逻辑符号和内部逻辑框图

图 4.14(a) 是掩模 ROM 的逻辑符号，图(b)为内部逻辑框图。ROM 有三组信号线：地址线 8 条，所以 ROM 的存储容量为 $2^8=256$ 个字；数据线 4 条，对应字长 4 比特；控制线两条 $\overline{E}_0, \overline{E}_1$，二者是"与"的关系，可以连在一起。当允许 ROM 读出时，$\overline{E}_0 = \overline{E}_1$ 为低电平，ROM 的输出缓冲器被打开，4 位数据 $O_3 \sim O_0$ 便读出。

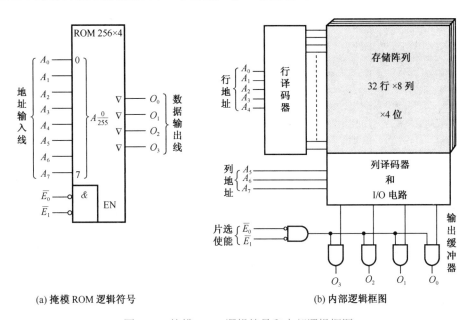

(a) 掩模 ROM 逻辑符号   (b) 内部逻辑框图

图 4.14　掩模 ROM 逻辑符号和内部逻辑框图

【例 1】　用 ROM 实现 4 位二进制码到循环码的转换。

解　利用 ROM 很容易实现两种代码转换。其方法是：将欲转换的二进制代码作为地址码送到 ROM 的地址输入端，而将目标代码格雷码写入到对应的存储单元中。所以 ROM 中的内容是代码转换以后的真值表，如表 4.3 所示。

3. ROM 结构的点阵图表示法

图 4.15 画出了例中 ROM 编程的点阵图。其中左面部分是地址译码器，右面部分是一个或阵列。阵列的横向表示行线，纵向表示列线。交叉点上有黑点，表示存储元编程为 1，交叉点上无黑点，表示存储元编程为 0。我们看到点阵图与真值表中 $G_3 \sim G_0$ 的值一一对应。为什么说点阵图的右面部分是一个或阵列呢？由真值表可以写出输入 $B_3 \sim B_0$ 最小项的与或表达式：

$$G_3 = \sum (8, 9, 10, 11, 12, 13, 14, 15)$$
$$G_2 = \sum (4, 5, 6, 7, 8, 9, 10, 11)$$
$$G_1 = \sum (2, 3, 4, 5, 10, 11, 12, 13)$$
$$G_0 = \sum (1, 2, 5, 6, 9, 10, 13, 14)$$

由表达式看出，$G_3 \sim G_0$ 的值是各最小项输出的或，显然用或阵列实现。而最小项由地址译码器产生，因此译码器是与阵列。不过这个与阵列固定连接成最小项形式，不编程而已。ROM 结构的这种<u>点阵表示法</u>是一种理论和技术上的创新，为后来可编程逻辑器件的发明起到了奠基作用，对读者一定会有启发。

表 4.3　二进制码转换为循环码的真值表

二进制码				循环码			
B_3	B_2	B_1	B_0	G_3	G_2	G_1	G_0
0	0	0	0	0	0	0	0
0	0	0	1	0	0	0	1
0	0	1	0	0	0	1	1
0	0	1	1	0	0	1	0
0	1	0	0	0	1	1	0
0	1	0	1	0	1	1	1
0	1	1	0	0	1	0	1
0	1	1	1	0	1	0	0
1	0	0	0	1	1	0	0
1	0	0	1	1	1	0	1
1	0	1	0	1	1	1	1
1	0	1	1	1	1	1	0
1	1	0	0	1	0	1	0
1	1	0	1	1	0	1	1
1	1	1	0	1	0	0	1
1	1	1	1	1	0	0	0

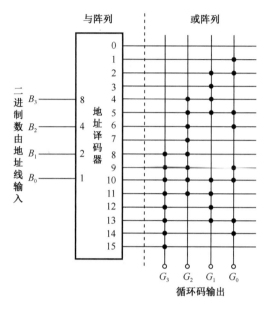

图 4.15　ROM 编程的点阵图表示

思考题　你能画出地址译码器的点阵图吗？点阵图对你有何启发？

4.3.2　可编程 ROM

可编程 ROM 有 PROM、EPROM 和 E^2PROM 三种。PROM 由生产厂提供，用户只能做一次性编程，本书不再介绍，下面讲述后两种。它们的译码逻辑与阵列结构与 RAM 类同，故只讲存储元。

1. EPROM 存储元

EPROM 称为光擦除可编程只读存储器，它的存储内容用户可以根据需要写入。当需要更新时，将原存储内容抹去，再写入新的内容。

现以浮栅雪崩注入型 MOS 管为存储元的 EPROM 为例进行说明，结构如图 4.16(a)所示，图 4.16(b)是电路符号。它与普通的 NMOS 管很相似，但有 G_1 和 G_2 两个栅极，G_1 栅没有引出线，而被包围在二氧化硅(SiO_2)中，称之为浮空栅。G_2 为控制栅，有引出线。若在漏极 D 端加上约几十伏的脉冲电压，使得沟道中的电场足够强，则会造成雪崩，产生很多高能量电子。此时，若在 G_2 栅上加上正电压，形成方向与沟道垂直的电场，便可使沟道中的电子穿过氧化层而注入到 G_1 栅，从而使 G_1 栅积累负电荷。由于 G_1 栅周围都是绝缘的二氧化硅层，泄漏电流极小，所以一旦电子注入到 G_1 栅后，就能长期保存。

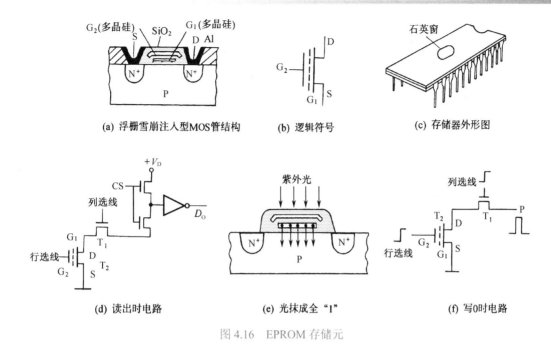

图 4.16   EPROM 存储元

当 G_1 栅有电子积累时，该 MOS 管的开启电压变得很高，即使 G_2 栅为高电平，该管仍不能导通，相当于存储了"0"。反之，G_1 栅无电子积累时，MOS 管的开启电压较低；当 G_2 栅为高电平时，该管可以导通，相当于存储了"1"。图 4.16(d)示出了读出时的电路，它采用二维译码方式：x 地址译码器的输出 x_i 与 G_2 栅极相连，以决定 T_2 管是否选中；y 地址译码器的输出 y_i 与 T_1 管栅极相连，控制其数据是否读出。当片选信号 CS 为高电平即该片选中时，方能读出数据。

这种器件的上方有一个石英窗口，如图 4.16(c)所示。当用光子能量较高的紫外光照射 G_1 浮栅时，G_1 中电子获得足够能量，从而穿过氧化层回到衬底中，如图 4.16(e)所示。这样可使浮栅上的电子消失，达到抹去存储信息的目的，相当于存储器又存了全"1"。

这种 EPROM 出厂时为全"1"状态，使用者可根据需要写"0"。写"0"电路如图 4.16(f)所示，x_i 和 y_i 选择线为高电位，P 端加 20 多伏的正脉冲，脉冲宽度为 0.1～1ms。EPROM 允许多次重写。抹去时，用 40W 紫外灯，相距 2cm 照射几分钟即可。

2. E^2PROM 存储元

E^2PROM 也写成 EEPROM，称为电擦除可编程只读存储器。其存储元是一个具有两个栅极的 NMOS 管，如图 4.17(a)和(b)所示，G_1 是控制栅，它是一个浮栅，无引出线；G_2 是抹去栅，它有引出线。在 G_1 栅和漏极 D 之间有一小面积的氧化层，其厚度极薄，可产生隧道效应。如图 4.17(c)所示，当 G_2 栅加 20V 正脉冲 P_1 时，通过隧道效应，电子由衬底注入到 G_1 浮栅，相当于存储了"1"。利用此方法可将存储器抹成全"1"状态。

这种存储器在出厂时，存储内容为全"1"状态。使用时，可根据要求把某些存储元写"0"。写"0"电路如图 4.17(d)所示。漏极 D 加 20V 正脉冲 P_2，G_2 栅接地，浮栅上电子通过隧道返回衬底，相当于写"0"。E^2PROM 允许改写上千次，改写(先抹后写)大约需 20ms，数据可存储 20 年以上。

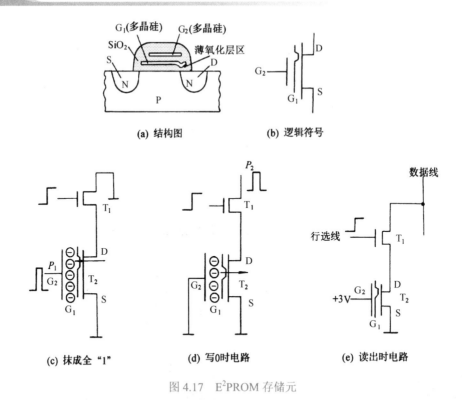

图 4.17 E^2PROM 存储元

E^2PROM 读出时的电路如图 4.17(e) 所示，这时 G_2 栅加 3V 电压，若 G_1 栅有电子积累，T_2 管不能导通，相当于存 "1"；若 G_1 栅无电子积累，T_2 管导通，相当于存 "0"。

4.4   FLASH 存储器

FLASH 存储器也译成闪速存储器，它是高密度非易失性的读/写存储器。高密度意味着它具有巨大比特数目的存储容量。非易失性意味着存放的数据在没有电源的情况下可以长期保存。总之，它既有 RAM 的优点，又有 ROM 的优点，称得上是存储技术划时代的进展。

4.4.1   FLASH 存储元

FLASH 存储元是在 EPROM 存储元的基础上发展起来的，由此可以看出创新与继承的关系。

图 4.18 所示为闪速存储器中的存储元，由单个 MOS 晶体管组成，除漏极 D 和源极 S 外，还有一个控制栅和浮空栅。当控制栅加上足够的正电压时，浮空栅将储存许多电子(带负电)，这意味着浮空栅上有很多负电荷，这种情况我们定义存储元处于 "0" 状态。如果控制栅不加正电压，浮空栅则只有少许电子或不带电荷，这种情况我们定义为存储元处于 "1" 状态。浮空栅上的电荷量决定了读取操作时，加在栅极上的控制电压能否开启 MOS 管，并产生从漏极 D 到源极 S 的电流。

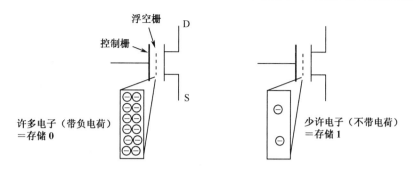

图 4.18 FLASH 存储元

4.4.2 FLASH 存储器的基本操作

闪速存储器有三种主要的基本操作，它们是编程操作、读出操作和擦除操作。

编程操作 编程操作实际上是写操作。所有存储元的原始状态均处 "1" 状态，这是因为擦除操作时控制栅不加正电压。编程操作的目的是为存储元的浮空栅补充电子，从而使存储元改写成"0"状态。如果某存储元仍保持"1"状态，则控制栅就不加正电压。图 4.19(a)表示编程操作时存储元写 0、写 1 的情况。实际上编程时只写 0，不写 1，因为存储元擦除后原始状态全为 1。要写 0，就是要在控制栅 C 上加正电压。一旦存储元被编程，存储的数据可保持 100 年之久而无需外电源。

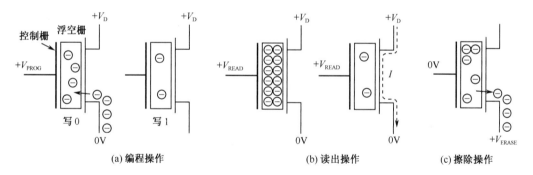

图 4.19 FLASH 存储元的基本操作

读出操作 读出操作时控制栅加上正电压。浮空栅上的负电荷量将决定是否可以开启 MOS 晶体管。如果存储元原存 1，可认为浮空栅不带负电，控制栅上的正电压足以开启晶体管。如果存储元原存 0，可认为浮空栅带负电，控制栅上的正电压不足以克服浮动栅上的负电量，晶体管不能开启导通。

当 MOS 晶体管开启导通时，电源 V_D 提供从漏极 D 到源极 S 的电流。读出电路检测到有电流，表示存储元中存 1；若读出电路检测到无电流，表示存储元中存 0，如图 4.19(b)所示。

擦除操作 EPROM 中使用外部紫外光照射方式擦除，而 FLASH 采用了电擦除。擦除操作时，所有的存储元中浮空栅上的负电荷要全部泄放出去。为此晶体管源极 S 加上正电压，这与编程操作正好相反，如图 4.19(c)所示。源极 S 上的正电压吸收浮空栅中的电子，从而使全部存储元变成 1 状态。

思考题   你能指出 FLASH 存储元的创新点吗?

4.4.3   FLASH 存储器的阵列结构

FLASH 存储器的简化阵列结构如图 4.20 所示。在某一时间只有一条行选线被激活。读操作时,假定某个存储元原先存 1,那么晶体管导通,与它所在位线接通,有电流通过位线,所经过的负载上产生一个电压降。这个电压降送到比较器的一个输入端,与另一端输入的参照电压做比较,比较器输出一个标志为逻辑 1 的电平。如果某个存储元原先存 0,那么晶体管不导通,位线上没有电流,比较器输出端则产生一个标志为逻辑 0 的电平。

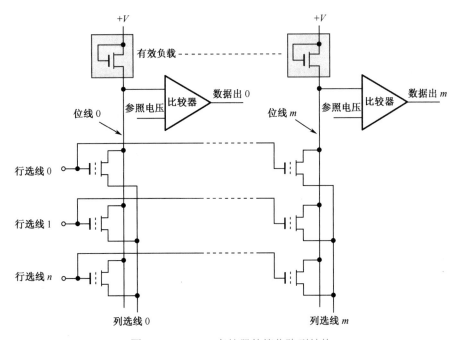

图 4.20   FLASH 存储器的简化阵列结构

最后让我们把 FLASH 存储器与其他存储器做个比较。从表 4.4 看到,FLASH 存储器具有十分明显的优点。因此 FLASH 存储器得到了广泛的应用。例如,移动盘是一种采用闪速存储器技术的存储介质,其存储容量可达 128MB 以上,并作为 PC 机中卡适配器的工具。这种压缩设计理念也应用在小型电子产品中,例如掌上电脑、数字相机等。

表 4.4   各种存储器的性能比较

存储器类型	非易失性	高 密 度	单晶体管存储元	在系统中的可写性
FLASH	√	√	√	√
SRAM	×	×	×	√
DRAM	×	√	√	√
ROM	√	√	√	×
EPROM	√	√	√	×
EEPROM	√	√	√	√

*4.5 存储器容量的扩充

4.5.1 字长位数扩展

给定的芯片字长位数较短，不满足设计要求的存储器字长，此时需要用多片给定芯片扩展字长位数。三组信号线中，地址线和控制线公用，而数据线单独分开连接。所需芯片数 d 计算公式为

$$d = \frac{设计要求存储容量}{已知芯片存储容量} \tag{4.1}$$

【例 2】 利用 64K×8 位 ROM 芯片，设计一个 64K×16 位的 ROM。

解 所需芯片数 $d = \dfrac{64K \times 16}{64K \times 8} = 2$（片）

设计的存储器字长为 16 位，存储容量不变，因此连接图如图 4.21(b) 所示。其中两个芯片的地址总线公用，控制总线 $\overline{E}$ 也公用，而数据线分成高 8 位和低 8 位。

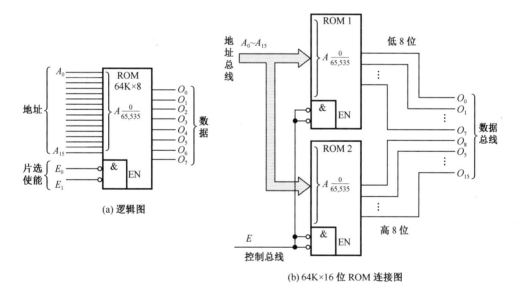

图 4.21 64K×16 位 ROM 设计

【例 3】 用 1M×4 位 SRAM 芯片，设计 1M×8 位的 SRAM 存储器。

解 所需芯片数 $d = \dfrac{1M \times 8}{1M \times 4} = 2$（片）

设计的存储器字长为 8 位，存储器容量不变。连接图如图 4.22 所示，地址线、控制线公用，数据线分高 4 位、低 4 位，与 SRAM 芯片的 I/O 端相连接。

思考题 你能利用 1M×4 位的 SRAM 芯片画出 1M×16 位的 SRAM 存储器连接图吗？

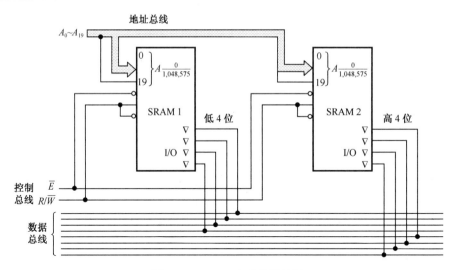

图 4.22   SRAM 字长位数扩展

4.5.2   字存储容量扩展

给定的芯片存储容量较小(字数少),不满足设计要求的总存储容量,此时需要用多片给定芯片来扩展字数。三组信号线中给定芯片的地址总线和数据总线公用,控制总线中 $R/\overline{W}$ 公用,使能端 EN 不能公用,它由地址总线的高位段译码来决定片选信号,所需芯片数 d 由式(4.1)决定。

【例 4】   用 1M×8 位的 DRAM 芯片设计 2M×8 位的 DRAM 存储器。

解   所需芯片数 $$d = \frac{2M \times 8}{1M \times 8} = 2 \text{（片）}$$

设计的存储器如图 4.23 所示。字长位数不变,地址总线 $A_0 \sim A_{19}$ 同时连接到 2 片 DRAM 的地址输入端,地址总线最高位有 A_{20},$\overline{A}_{20}$ 之分:A_{20} 作为 $DRAM_1$ 的片选信号,$\overline{A}_{20}$ 作为 $DRAM_2$ 的片选信号,这两个芯片不会同时工作。

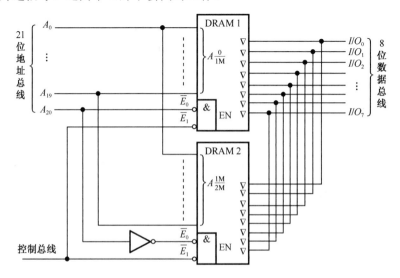

图 4.23   DRAM 高存储容量扩展

思考题　你能利用 1M×8 位的 DRAM 芯片画出 4M×8 位的 DRAM 存储器连接图吗?

小　结

存储逻辑是数字系统中重要的功能部件,也是构成可编程逻辑器件的技术基础。

常用的特殊存储部件有寄存器堆、寄存器队列、寄存器堆栈。它们的共同特点是由寄存器组成,只存储少量的字,工作速度快,在不同的应用场合中使用。

随机读写存储器 RAM 都采用 MOS 型存储器。根据存储元的存储机理不同,分为 SRAM 和 DRAM 两种。前者用锁存器记忆数据,后者用电容器上的电荷记忆数据,所以需要刷新。它们的优点是读/写方便,缺点是断电后 RAM 中信息会丢失,是易失性存储器。

只读存储器 ROM 分为掩模 ROM 和可编程 ROM。前者由生产商提供,后者可由用户编程,它分为一次性编程的 PROM 和多次编程的 EPROM 和 E^2RPOM。

POM 是非易失性存储器,应用非常广泛,它为可编程逻辑器件(PLD)的发明起到了奠基作用。

FIASH 存储器既具有 RAM 的特点,又具有 ROM 的特点,因此得到了广泛的应用。

习　题

1. 单端口寄存器堆中有 $R_0 \sim R_3$ 四个寄存器,读/写该寄存器堆的操作必须分时进行。请设计该寄存器堆,画出逻辑电路图。

2. 设计具有 4 个寄存器的队列,画出其逻辑电路图。

3. 设计具有 4 个寄存器的堆栈,画出其逻辑电路图。

4. 说出 SRAM 和 DRAM 在本质上的不同。

5. 为什么 DRAM 芯片通常采用行选通信号 RAS 和列选通信号 CAS?

6. 用 ROM 实现 4 位二进制码到余 3 码的转换器设计。

7. 用 ROM 实现 4 位二进制码到 8421BCD 码的转换器设计。

8. 说明掩模 ROM、EPROM、E^2PROM 存储元的存储机理有什么不同。

9. 说明 FLASH 存储器在理论和技术上的创新和特点。

10. 利用 256K×8 位 ROM 芯片设计 256K×32 位的只读存储器。

11. 利用 1M×4 位 SRAM 芯片设计 1M×16 位 SRAM 存储器。

12. 利用 256K×4 位 DRAM 芯片设计 1M×8 位 DRAM 存储器。

13. 利用 1M×8 位 DRAM 芯片设计 4M×8 位存储器。

14. 利用 64K×4 位 ROM 芯片设计 64K×16 位 ROM 存储器。

15. 利用 1M×8 位 DRAM 芯片设计 4M×16 位存储器。

第 5 章

可编程逻辑

数字电路经历了分离元件→中小规模标准化集成电路→可编程逻辑器件(PLD)这样的发展历程。PLD是用户根据需要自行设计芯片中特定逻辑电路的器件,可以随时修改或升级,它为开发研究带来极大的灵活性和时间效益与经济效益。可编程逻辑包括硬件和软件。本章首先介绍 PLD 的基本概念,然后介绍目前流行的 FPGA,ISP 两种逻辑器件,最后介绍 PLD 的编程方法和工具。

5.1 PLD 的基本概念

5.1.1 可编程阵列

所有的 PLD 是用可编程阵列组成的。可编程阵列本质上是行、列导线组成的导电网格。在网格的交叉点上,通过熔断金属丝或 E^2CMOS 管等连接技术来编程实现逻辑 1 或逻辑 0。

可编程阵列分与阵列和或阵列两类,通过编程,可以实现 SOP 形式,即与或表达式的逻辑函数。

1. 与阵列

与阵列如图 5.1 所示,可编程矩阵的输出连接到与门上。

图 5.1(a)表示未编程的阵列。如果交叉点上通过熔丝来编程,当熔丝烧断时编程为逻辑 0,熔丝保留时编程为逻辑 1。如果交叉点上使用 E^2CMOS 管,则管子导通时编程为逻辑 0,管子截止时编程为逻辑 1。

图 5.1(b)表示已编程的阵列。为了简化逻辑表示,通常把与门的 2 条输入线画成一条,并用斜杠线旁的 2 表示与门输入线为 2 条(2 个变量)。行线上的交叉点为黑,则相应列线上的逻辑变量被编程送到与门输入端。例如最上面的与门输出 $X_1=AB$,最下面的与门输出 $X_3 = A\overline{B}$。注意,如果是 2 个变量,行线上只能有 2 个交叉点编程。如果是 3 个变量,行线上最多有 3 个交叉点编程,它们之间是 AND 关系。依此类推。

【例1】 用与阵列实现三变量 A, B, C 的与或表达式

$$X = A\overline{B}C + \overline{A}\overline{B}\overline{C} + \overline{A}C + ABC$$

解 可编程与阵列如图 5.2 所示。由于题目要求逻辑表达式为 SOP(与或)形式,需要在与门后面加一个或门。

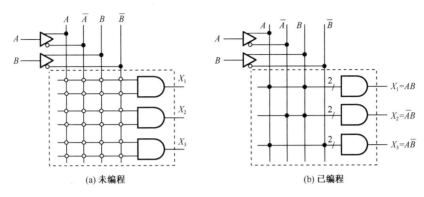

图 5.1　与阵列

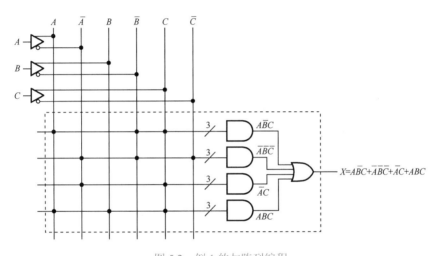

图 5.2　例 1 的与阵列编程

　　思考题　一个 5 变量的与阵列，列线是多少条？一个与门的输入线是多少条？最多有几个编程点？

2. 或阵列

或阵列如图 5.3 所示，可编程矩阵的输出连接到或门上。

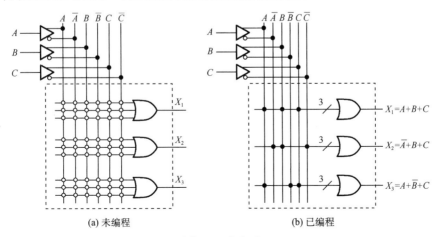

图 5.3　或阵列

图 5.3(a)表示未编程的阵列，阵列本身的结构和与阵列类似，此处输入变量变为 3 个。图(b)表示已编程的阵列，这里仍采用简化逻辑图表示。由于或门输入有 3 个变量，斜杠旁标注为 3。一个或门输出的逻辑表达式是 3 个输入变量的或，行线上最多有 3 个交叉点被编程为逻辑 1。

思考题　一个 6 变量的或阵列，列线是多少条？一个或门的输入线是多少条？最多有几个编程点？

【例 2】　用或阵列实现 $X = A + \bar{B} + \bar{C} + D$ 的逻辑表达式。

解　使用四变量输入的或阵列，在或阵列中使用一个或门输出即可，与图 5.3 类似。

【例 3】　图 5.4 是一个与阵列和一个或阵列组成的 SOP 形式复合阵列，或阵列指定的逻辑表达式由或门 1、门 2 输出。请在图 5.4 的与阵列、或阵列上画出编程点，并写出与门输出的表达式。

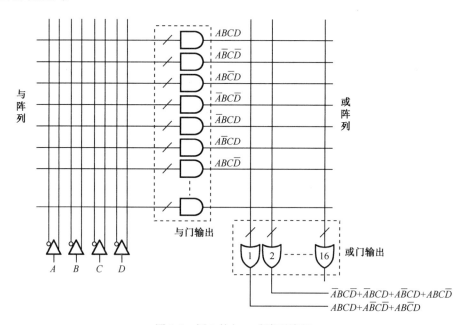

图 5.4　例 3 的与—或阵列编程

解　与阵列是 4 变量输入，乘积项应是最小项。因或门阵列输出共有 7 个最小项，故与门阵列输出有 7 个最小项需要编程。或门 1 的输入需连接 3 个最小项，或门 2 的输入需连接 4 个最小项。由此可确定与阵列、或阵列的编程点。请读者自行在图上画出编程点。

3. 可编程连接技术

PLD 中的可编程连接采用以下几种不同的处理技术：熔丝技术、反熔丝技术、E^2PROM 技术、SRAM 技术。

熔丝技术　这是最早的可编程连接技术，至今仍然在某些简单 PLD 中使用。熔丝是在互连矩阵中行与列交叉点的金属连接。编程之前，在每一个交叉点上都有熔丝相连。在器件编程过程中，对选定的熔丝通上足以熔断的电流，熔丝就断开了，破坏了这种连接。例如编程之前的状态称为逻辑 1，那么熔断后的状态称为逻辑 0。使用熔丝技术的可编程逻辑器件是一次性编程。

　　反熔丝技术　这种连接与熔丝连接正好相反，不是破坏连接，而是建立连接。编程以前，行列矩阵之间是没有连接的。反熔丝基本上是绝缘体分开的两个触点，当加上足够的电压时，使得绝缘体成为导电体，从而使两个触点接通。如果原来状态称为逻辑 0，那么连接后的状态称为逻辑 1。反熔丝器件也是一次性编程。

　　E^2PROM 技术　它使用浮栅构成的 E^2CMOS 存储元，用加电的方式可以擦除或重写（第 4 章 4.3 节）。E^2CMOS 器件可以安装到印制电路板之后对其编程，还可以在系统操作过程中对其重新编程，这称为在系统编程(ISP)。使用 E^2PROM 技术的 PLD 器件是多次编程。

　　SRAM 技术　许多 FPGA 和一些复杂 PLD 中使用 SRAM 的处理技术。图 5.5(a)示出基于 SRAM 的可编程逻辑阵列。一个 SRAM 型存储元通过将触发器置为 0 或 1 来连接或不连接行列交叉点。图 5.5(b)中存储元存放 1，相应的行与列连接在一起。图(c)中存储元存放 0，相应的行与列之间无连接。

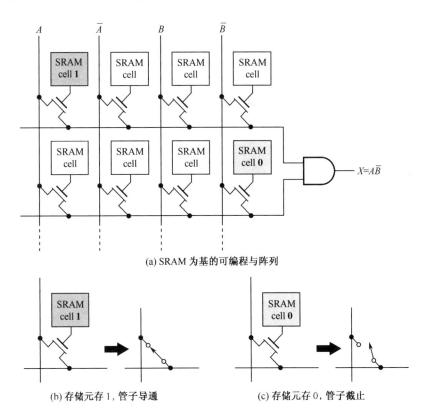

(a) SRAM 为基的可编程与阵列

(b) 存储元存 1，管子导通　　　　(c) 存储元存 0，管子截止

图 5.5　SRAM 为基的与阵列概念

　　熔丝、反熔丝、E^2PROM 处理技术是非易失性的，即使电源掉电，仍会保持编程结果。但是 SRAM 技术一旦电源掉电，SRAM 存储元中的数据会丢失。因此电源上电时，编程数据必须重新写入 SRAM，以实现基于 SRAM 的 PLD 编程。

5.1.2　PLD 的类型

　　根据容量大小，可编程逻辑器件大体上分两类：一类是 SPLD(简单可编程逻辑器件)，它们的 IC 引脚数一般是 24～28 脚。另一类是 CPLD(复杂可编程逻辑器件)，IC 引脚数目为 44～160 脚。

1. 简单可编程逻辑器件 SPLD

顾名思义，SPLD 的内部结构非常简单。根据与阵列、或阵列是否可以编程，SPLD 有以下四种(图 5.6)：

图 5.6(a) PROM(一次可编程只读存储器)；

图 5.6(b) PAL(可编程阵列逻辑)；

图 5.6(c) PLA(可编程逻辑阵列)；

图 5.6(d) GAL(通用阵列逻辑)。

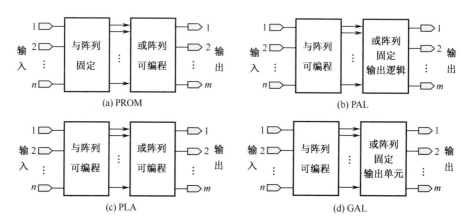

图 5.6　SPLD 内部结构框图

SPLD 是 20 世纪 70 年代到 80 年代中期发明的器件，先有 PROM，后有 PAL，再有 PLA 和 GAL。虽然它们是早期产品，但是它们的每一个进展，说明了人类在前进的道路上有所发现，有所发明，有所创造，从一个里程碑走到另一个里程碑，为后来的可编程器件的发展起了奠基作用。另一方面，SPLD 中 PAL 是一次性编程，GAL 是多次编程，它可以取代 10 个固定功能的 IC 与互连，因此目前仍有小规模应用。

2. 复杂可编程逻辑器件 CPLD

CPLD 是在 SPLD 基础上发展起来的。本质上讲，CPLD 是利用可编程的互连总线连接起来的多路 SPLD。

图 5.7 示出了 CPLD 的基本结构框图。图中每一个模块是一个 SPLD，彼此之间通过互连总线 PIA 来连接，而 PIA 本身又是可编程的。一个 CPLD 可以编程实现基于 SOP 形式非常复杂的逻辑函数。

几个著名生产制造商，如 Lattice，Altera，Xilinx，Cypress 等提供各种型号的 CPLD 产品。

目前流行的可编程逻辑器件有 FPGA 和 ISP，它们属于更高层次的 CPLD，技术上更加先进，本章下面两节将重点介绍。

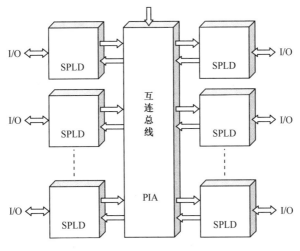

图 5.7　CPLD 的基本结构框图

5.2　现场可编程门阵列 FPGA

5.2.1　FPGA 的基本结构

FPGA 是现场可编程门阵列的英文缩写，它是 20 世纪 80 年代后期发明的一种可编程逻辑器件。

一个 FPGA 通常要比 CPLD 更复杂，并具有更大的容量，虽然它们在某些应用上是交叉的。前面说过，SPLD 和 CPLD 有紧密的关系，因为 CPLD 基本上包含了很多的 SPLD。然而 FPGA 却有不同的体系结构，如图 5.8 所示。我们看到，一个 FPGA 中有三个基本元素——逻辑块 CLB、可编程互连总线、I/O 输入输出块。

FPGA 中的逻辑块 CLB 不像 CPLD 中的逻辑块 LAB 那样复杂，但是通常有更多的数量。当逻辑块 CLB 比较简单时，我们把 FPGA 的体系结构称为细粒度。当逻辑块 CLB 较大或较复杂时，我们把 FPGA 的体系结构称为粗粒度。输入/输出块 I/O 处在外层边缘上，它们能够提供通往外界的独立可选择的输入、输出或双向访问，与芯片外部世界交换数据。大型 FPGA 有成百上千的 CLB 和存储器等其他资源。

5.2.2　可组态逻辑块 CLB

通常，一个 FPGA 的逻辑块 CLB 包含若干个较小的逻辑模块 (Logic Module)，它是最基本的构造单元。

图 5.9 示出了基本可组态逻辑块 CLB 的结构。从全局来说，它们处在行列可编程的互连总线之内，而互连总线被用来连接这些 CLB。我们看到，每一个 CLB 由多路更小的逻辑模块和本地可编程互连总线组成，本地互连总线用来连接 CLB 内部的各个逻辑模块。

CLB 内部的一个逻辑模块可以被组态实现组合逻辑，或是时序逻辑，或是二者兼而有之。由于有记忆功能，触发器便成为连接逻辑的一部分，并能构成寄存器使用。

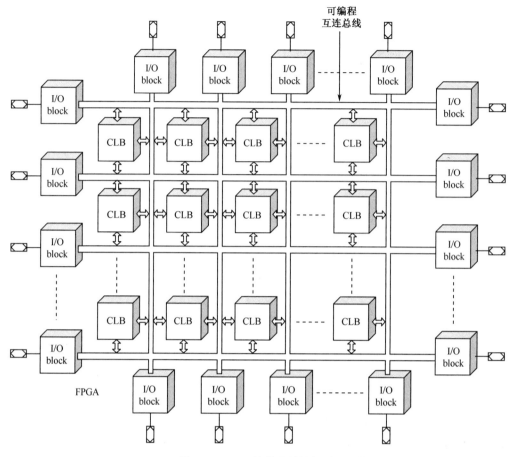

图 5.8　FPGA 的基本结构框图

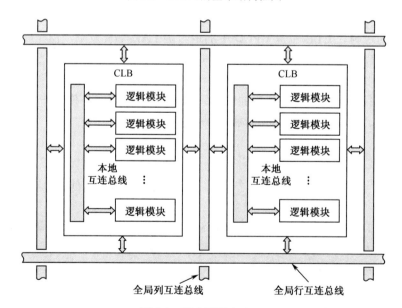

图 5.9　基本可组态 CLB

一个用逻辑模块实现的典型 LUT 的框图如图 5.10 所示。LUT 是查找表类型的存储器，它可被编程，并应用来产生 SOP 形式的组合逻辑函数。

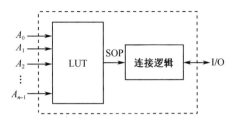

图 5.10　FPGA 中一个逻辑模块的框图

通常，一个 LUT 由数目等于 2^n 的存储元组成，这里 n 是输入的变量数。例如 3 个输入可以选择到 8 个存储元，因此具有变量的 LUT 可以产生具有 8 个最小项的 SOP 形式表达式。对于已设定的 SOP 函数表达式，逻辑 1 或 0 的模型可以被编程到 LUT 的存储元，如图 5.11 所示。每一个 1 意味着连接的最小项出现在 SOP 输出端，而每一个 0 意味着连接的最小项不会出现在 SOP 输出端。这样，SOP 输出的最终结果表达式为

$$SOP = \overline{A_2}\,\overline{A_1}A_0 + \overline{A_2}A_1A_0 + A_2\overline{A_1}A_0 + A_2A_1A_0$$

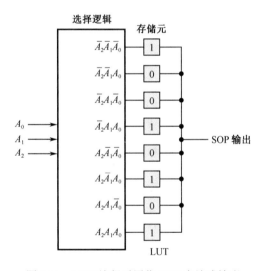

图 5.11　LUT 编程后用作 SOP 表达式输出

【例 4】　将一个 3 变量的 LUT 编程后产生如下 SOP 函数：
$$X = A_2A_1\overline{A_0} + A_2\overline{A_1}\,\overline{A_0} + \overline{A_2}A_1A_0 + A_2\overline{A_1}A_0 + \overline{A_2}\,\overline{A_1}A_0$$

解　检查每一个最小项，若符合已知条件，则逻辑 1 存放在存储元中。参考图 5.11，存储元从上到下依次为 01011110。

5.2.3　SRAM 为基础的 FPGA

根据制造技术不同，FPGA 在体系结构上分可变或不变两种。如果 FPGA 基于反熔丝技术，则它的体系结构是不变的。如果 FPGA 基于 SRAM 技术，则它的体系结构是可变的。

术语"可变"意味着：当电源关闭时，被编程到组态逻辑块的所有数据将被丢失。因此以
SRAM 为基础的 FPGA 用了两种方法来解决：①用一个固定配置的存储器插入到芯片中以
存储编程数据，当电源加载或恢复时用它重新配置 FPGA。②FPGA 利用一个具有数据转
移功能的外部存储器，并使用宿主处理机来控制。图 5.12(a)表示了片上存储器的概念，
图 5.12(b)表示了宿主处理机进行配置的概念。

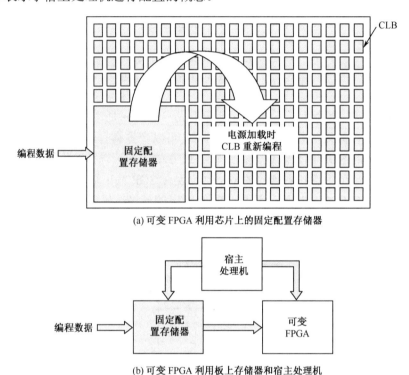

(a) 可变 FPGA 利用芯片上的固定配置存储器

(b) 可变 FPGA 利用板上存储器和宿主处理机

图 5.12   可变 FPGA 配置的基本概念

5.3   在系统可编程 ISP

Lattice 公司于 20 世纪 90 年代发明的 ISP，称为在系统可编程逻辑器件。ISP 是指用户
具有在自己设计的目标系统中或线路板上为重构逻辑而对逻辑器件进行编程或反复改写的
能力。ISP 为用户提供了传统的 PLD 技术无法达到的灵活性，带来了巨大的时间效益和经
济效益，是可编程逻辑技术的实质性飞跃，因此被称为 PLD 设计技术的一次革命。

常规 PLD 在使用中通常是先编程后装配。而采用 ISP 技术的 PLD，则是先装配后编程，
且成为产品之后还可反复编程。

ISP 器件的出现，从实践上全面实现了硬件设计与修改的软件化，使得数字系统的设
计面貌焕然一新。也就是说，硬件设计变得像软件一样易于修改，硬件的功能可以随时进
行修改，或按预定程序改变组态进行重构。这不仅扩展了器件的用途，缩短了系统调试周
期，而且还根除了对器件单独编程的环节，省去了器件编程设备，简化了目标设备的现场
维护和升级工作。

5.3.1　ispLSI 器件的体系结构

1. ispLSI 1032 总框图和巨块的组成

ispLSI 系列器件是基于与或阵列结构的复杂 CPLD 产品。芯片用数量较多的巨块组成，巨块之间通过全局布线区 GRP 连接起来。每个巨块包括若干个通用逻辑块 GLB、输出布线区 ORP、若干个 I/O 单元和专用输入单元等。

从教学目的考虑，以 ispLSI 1032 为例介绍 ispLSI 的体系结构。ispLSI 1032 是 E^2CMOS 器件，其芯片有 84 个引脚，其中 64 个是 I/O 单元的引脚，每片含 128 个触发器和 64 个锁存器，管脚至管脚延迟为 12ns，系统最高工作频率为 90MHz。图 5.13 是 ispLSI 1032 的体系结构框图和引脚图。

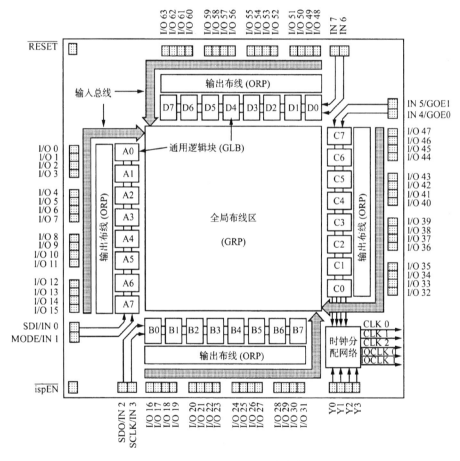

图 5.13　ispLSI 1032 体系结构图

巨块的组成　不同类别、不同型号的 ispLSI 器件，其主要的区别就在于构成该芯片器件的巨块数目各不相同。例如 ispLSI 1032 中有 4 个巨块，ispLSI 1064 中有 8 个巨块，等等。

从图中看出一个巨块包含 8 个 GLB，16 个 I/O 块，2 个专用输入块(IN0、IN1)。专用输入端是不经过锁存器直接输入的，在软件自动分配下为本巨块内的 GLB 使用。

每个 GLB 的输出可以送到 I/O 块，为此要用八选一的 MUX 来选择 GLB。

2. 通用逻辑块 GLB

通用逻辑块 GLB 是 ispLSI 器件的最基本逻辑单元，是图 5.13 中紧挨 GRP 四边的小方块，标示为 $A_0, A_1, \cdots, A_7; B_0, B_1, \cdots, B_7$ 等，每边 8 块，共 32 块。图 5.14 是 GLB 的结构框图，它由与阵列、乘积项共享阵列、四输出逻辑宏单元和控制逻辑组成。

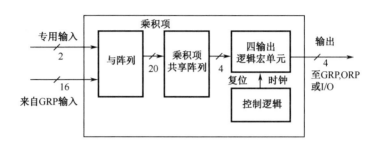

图 5.14   GLB 的结构框图

ispLSI 1032 的与阵列有 18 个输入端，其中 16 个来自全局布线区 GRP，2 个专用输入端(见图 5.15)，每个 GLB 有 20 个与门，形成 20 个乘积项，再通过 4 个或门输出。

四输出宏单元中有 4 个触发器，每个触发器可与其他可组态电路连接，被组态为组合逻辑输出或寄存器输出(靠触发器后面的多路选择器 MUX 编程组态)。组合电路有"与或"或"异或"两种方式，触发器也可组态为 D，T，JK 等形式。

从图 5.15 中看到，乘积项共享阵列 PTSA 的输入来自 4 个或门，而其 4 个输出则用来控制宏单元中的 4 个触发器。至于哪个或门送给哪个触发器是靠编程来决定的。一个或门输出可以同时送给 4 个触发器，一个触发器也可同时接受 4 个或门的输出信息(相互为或的关系)。有时为了提高速度，还可以跨过 PTSA 直接将或门输出送至某个触发器。

GLB 有 5 种组合模式。图 5.15 所示为标准组态模式。在未编程的情况下，4 个或门输入按 4，4，5，7 配置，每个触发器激励信号可以是或门中的一个或多个，故最多可以将所有 20 个乘积项集中于 1 个触发器使用，以满足多输入逻辑功能之需要。

【例 5】   设有逻辑函数 $F_1 = \overline{A}B\overline{C}\overline{D}E + \overline{A}B\overline{C}D\overline{E} + \overline{A}\overline{B}C\,\overline{D}\,\overline{E} + ABCDE$

$$F_2 = XYZ + XY\overline{Z} + X\overline{Y}Z + \overline{X}YZ$$

假定 F_1 由 O_3, O_2, O_1 进行输出，F_2 由 O_0 输出，并用时钟 CLK0 打入 D 触发器。请用人工方法在与阵列和乘积项共享阵列 PTSA 中画出编程图。

解   (1) F_1 有 4 个乘积项。每个乘积项有 5 个变量，表示在图 5.15 与阵列左上角四条横线上。4 个乘积项通过 PTSA 阵列中的第一个四输入或门相加，然后输出到 PTSA 阵列。由于要送至 O_3, O_2, O_1，故从左面数的第一条纵线上相应的三个小圆圈应编程(连接)。在时钟 CLK0 作用下，F_1 的逻辑值打入上面的三个 D 触发器，然后经二选一多路开关 MUX 控制送至输出输出端 O_3, O_2, O_1。

(2) F_2 也有四个乘积项。每个乘积项有 X, Y, Z 三个变量，表示在图 5.15 与阵列的中部四条横线上。通过第二个四输入或门进入 PTSA 阵列。由于由 O_0 输出，在 PTSA 阵列中从左数第二条纵线最下面一个小圆圈应编程(连接)。在时钟 CLK0 作用下，F_2 的逻辑值打入最下面一个 D 触发器，然后经二选一多路开关 MUX 输出到 O_0 端。

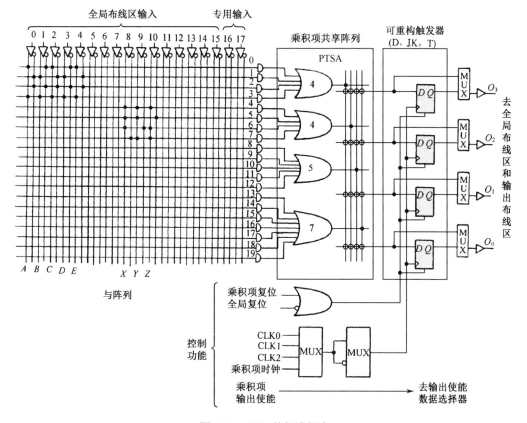

图 5.15　GLB 的标准组态

除了标准组态模式外，还有如下四种组态模式：

高速直通组态模式　4 个或门跨过 PTSA 和异或门直接与 4 个触发器相连，因而避免了这两部分电路的延时，提供了高速的通路，可用来支持快速计数器设计。

异或逻辑组态模式　在 4 个或门后面增加了 4 个异或门，各异或门的一个输入分别为乘积项 0, 4, 8, 13，另一个输入则从 4 个或门输出中任意组合。此种组合结构尤其适用于计数器、比较器和 ALU 的设计，依赖此组态可将 D 触发器转换成 T 触发器或 JK 触发器。

单乘积项结构　将乘积项 0, 4, 10, 13 分别跨越或门、PTSA、异或门直接输出，其逻辑功能虽简单，但比高速直通组态又少了一级(或门)延迟，因而速度最快。

多模式结构　前面四种模式可以在同一个 GLB 混合使用，构成多模式结构。

四输出逻辑宏单元中有 4 个 D 触发器，时钟线连在一起，因而同一 GLB 中的触发器必须同步工作，但使用的时钟信号可以是全局时钟，也可以是片内生成的乘积项时钟。图 5.15 右下方的两个 MUX 中，左边一个用来选择由芯片内的时钟分配网络提供的 CLK0，CLK1，CLK2 或由乘积项 12 产生的乘积项时钟。右边一个用来控制时钟的极性，因为有此选择功能，不同 GLB 中触发器可以使用不同的时钟。

4 个触发器的复位端也是相连的。复位信号可以是全局复位信号，也可以是本 GLB 中乘积项 12 或 19 产生的复位信号，两者是或的关系。这样在 GLB 中，4 个触发器同时复位，而各 GLB 之间则可以不同时复位。

GLB 每个输出对应的三态门的使能信号，如果需要也由本 GLB 的乘积项 19 提供。应注意的是乘积项 12、19 作复位、时钟或输出使能用时便不能再作为逻辑项使用。

综上所述，GLB 是 ispLSI 芯片中的一个核心部件。1000 系列、2000 系列的 GLB 都与此相同。3000 系列中采用双 GLB 结构，全局布线区输入扩展到 24 个，GLB 的输出由一组 4 个变成两组 8 个，因而称为孪生 GLB 结构。

3. 布线区

全局布线区 GRP   从图 5.13 看出 GRP 位于芯片的中央。它实际上是通用总线，以固定的方式将所有片内逻辑联系在一起，供设计者使用。其特点是其输入/输出之间的延迟是恒定的和可预知的。例如，110MHz 挡级的芯片在带有 4 个 GLB 负载时其延迟时间为 0.8ns，和输入、输出的位置无关。这个特点使片内互连性非常完善，使用者可以很方便地实现各种复杂的设计。

输出布线区 ORP   输出布线区是一个可编程的输出矩阵，其结构如图 5.16 所示。它是介于 GLB 和输入输出单元 IOC 之间的可编程互连阵列。阵列的输入是 8 个 GLB 的 32 个输出端，阵列有 16 个输出端，分别与该侧的 16 个 IOC 相连。通过对 ORP 的编程，可以将任一个 GLB 输出灵活地送到 16 个 I/O 端的某一个。显然，ispLSI 1032 的一大特点是 IOC 与 GLB 之间没有一一对应的关系，因而可以将对 GLB 的编程和对外部引脚的排列分开进行，并可以在不改变外部引脚排列的情况下修改芯片内部的逻辑设计。从而解决了使用其他 PLD 器件时最容易受到困扰的问题。

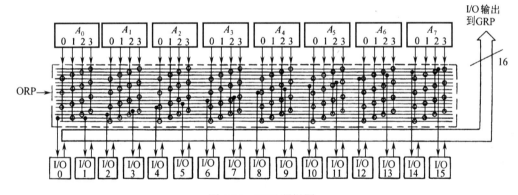

图 5.16   ORP 逻辑图

在 ORP 旁边还有 16 条通向 GRP 的总线。I/O 单元可以使用，GLB 的输出也可通过 ORP 使用它，从而方便地实现了 I/O 端复用的功能和 GLB 之间的互连。

有时为了高速地工作，GLB 的输出还可跨过 ORP 直接与 I/O 单元相连。

4. 输入输出单元 IOC

I/O 单元是图 5.13 中最外层的小方块，其内部结构如图 5.17 所示。图中有 6 个多路开关 MUX，一个特殊触发器和三态门、缓冲器等电路。

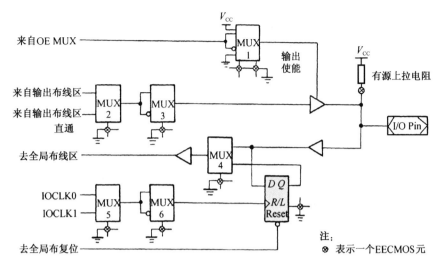

图 5.17　IOC 结构图

用 I/O 单元将输入信号、输出信号或输入输出双向信号与具体的 I/O 管脚相连接形成输入、输出、双向 I/O 口,为此靠控制输出三态门使能端的 MUX1 来选择。MUX1 有两个可编程的地址,图中所画为未编程状态。此时二地址输入端皆接地,相应于 00 码,因而将高电平接至输出使能端,IOC 处于专用输出组态;若二地址输入中有一个与地断开,即地址码为 10 或 01,则将由 GLB 产生的输出使能信号(通过 OEMUX 送入)来控制输出使能,处于 I/O 组态或具有三态门的输出组态;若两地址与地连接皆断开,相当于 11,则将输出使能接地,处于专用输入组态。

多路选择器 MUX2 和 MUX3 用来选择输出极性和选择信号输出途径。MUX4 则用来选择输入组态时用何种方式输入。IOC 中的触发器是特殊的触发器,有两种工作方式:一是锁存方式,触发器在时钟信号 0 电平时锁存;二是寄存器方式,在时钟信号上升沿时将输入信号存入寄存器。采用哪种方式靠对触发器的 R/L 端编程确定。触发器的时钟由时钟分配网络提供,并可通过 MUX5 和 MUX6 选择和调整极性。触发器的复位则由芯片全局复位信号 RESET 实现。

I/O 单元的各种工作组态如图 5.18 所示。从图中看出,I/O 单元可工作于:图(a)输入状态,其中有输入缓冲、锁存输入及寄存器输入。图(b)可工作于输出状态,包括有输出缓冲、反向输出缓冲、三态输出缓冲。图(c)可工作于双向状态,有双向 I/O 及带有寄存器的双向 I/O。各种 I/O 组态再与各 GLB 的五种组态以及对 GLB 中 4 个输出宏单元的组态方式相组合,便可得到几十种电路方式。每个 I/O 单元还有一个有源上拉电阻,当该 I/O 端不使用时,该电阻自动接上可以避免因输入悬空引入的噪声并减小电路的电源电流。正常工作时如接上上拉电阻也具有以上优点。

5. 时钟分配网络 CDN

时钟分配网络随器件不同而异。ispLSI 1032 的时钟分配网络框图示于图 5.19。它产生5 个全局时钟信号:CLK0, CLK1, CLK2, IOCLK0, IOCLK1。其中 CLK0, CLK1, CLK2 三个同步时钟信号可供所有的通用逻辑块 GLB 使用。IOCLK0,IOCLK1 可用于所有的 I/O 单元,供 I/O 寄存器使用。输入信号由 4 个专用时钟输入引脚 Y_0, Y_1, Y_2, Y_3 提供。这些输入可被直接连到任意的 GLB，或者 I/O 单元。但应注意的是，时钟网络的输入也可以是通用逻辑块 GLB 的 4 个输出，以便生成内部时钟电路。这内部时钟电路是由用户自己定义的。例如将外加主时钟由 Y_0 送入，作为全局时钟 CLK0。GLB 输出 O_0, O_1, O_2, O_3 顺次产生分频信号，连接这些信号到 CLK1，CKL2，IOCLK0，IOCLK1 时钟线上，生成内部时钟电路，这时其他 GLB 或 I/O 单元便可以在比外部输入主时钟较低频率的节拍上工作。

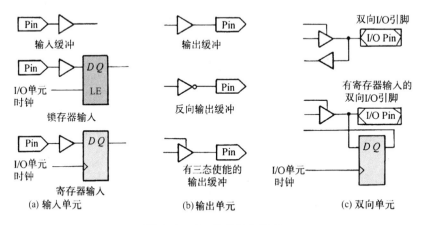

图 5.18　I/O 单元工作组态

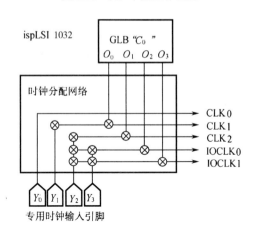

图 5.19　时钟设置网络

5.3.2　EPM7128S 器件的体系结构

EPM7128S 是 Altera 公司的产品，是 MAX7000S 系列中的一种器件，是在系统可编程的 CPLD 器件。其内部包含 128 个宏单元(MacroCell)，最多可有 100 个 I/O 引脚(PLCC 封装的 I/O 引脚为 64 个)。图 5.20(a) 是 EPM7128S 的内部结构图。

EPM7128S 内部采用 E^2PROM 技术编程。只使用+5V 电源。采用多电压的 I/O 接口，其 I/O 既能够和 5V 的器件兼容，也能和 3.3V 的器件兼容。有 6 个允许输出控制信号，2 个全局时钟输入信号。它在功能上和 Lattice 公司的 ISP1032E 相当。比如 EPM7128 包含 128 个宏单元，ISP1032E 包含 32 个通用逻辑块，然而 ISP1032E 内的一个通用逻辑块在功能上和 EPM7128 的 4 个宏单元类似，只不过在内部逻辑的组织上二者不一样而已。

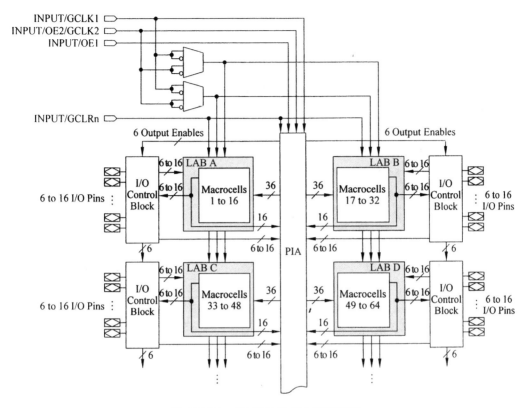

图 5.20(a)　EPM7128S 的内部结构图

1. 逻辑阵列块 LAB

　　EPM7128S 的内部结构是以逻辑阵列块 LAB 为基础。逻辑阵列块是高性能的、可变的模块。1 个逻辑阵列块包含 16 个宏单元。多个逻辑阵列块通过可编程连接阵列 PIA (Programmable Interconnect Array)连接。PIA 接受来自于专用输入引脚、I/O 引脚和宏单元的信号。各逻辑阵列块接受下列信号：①来自于 PIA 的 36 个信号用做通用逻辑输入信号；②全局控制信号，这些信号被用于寄存器的复位、置位、时钟和时钟允许信号；③直接来自于 I/O 引脚的信号，用于建立需要快速建立时间的寄存器。

2. 宏单元

　　每个宏单元能单独配置为时序逻辑或者组合逻辑功能。宏单元由 3 个功能块构成：逻辑阵列、乘积项选择矩阵和可编程的寄存器。组合逻辑在逻辑阵列中完成，每个宏单元可提供 5 个乘积项(乘积项可扩充)。乘积项选择矩阵允许这些乘积项在组合逻辑功能时作为"或"和"异或"的输入，或者在寄存器功能时作为寄存器的复位、置位、时钟和时钟允许信号。作为触发器功能时，各宏单元中的触发器可以被编程为 D、T、JK 或者 SR 触发器。作为组合逻辑功能时，触发器被绕过。触发器的时钟来源有 3 种方式：全局时钟，时钟允许信号控制的全局时钟，乘积项产生的时钟和 I/O 引脚时钟信号。

3. 可编程连接阵列 PIA

　　各可编程阵列块(PLA)通过可编程连接阵列 PIA 连接。可编程连接阵列是全局总线，通过它可以将器件内的任何信号源和任何目标连接。专用输入信号、I/O 引脚信号和各宏单元输出送 PIA，各可编程逻辑块从 PIA 接收自己所需要的信号。

4. I/O 控制块

I/O 控制块允许各 I/O 引脚配置为输入、输出或双向 I/O。所有 I/O 引脚具有三态缓存。EPM7128S 有 6 个全局输出允许信号。各三态缓存的输出控制互相独立，根据设计需要选择全局输出允许信号中的一个信号对其控制。

5. EPM7128S 引脚

图 5.20(b) 是 PLCC 封装的 EPM7128S 引脚图。

在 PLCC 封装的 84 引脚的 EPM7128S 中，引脚 I/O(TMS)、I/O(TDI)、I/O(TCK)、I/O(TDO) 有 2 种功能，一是作为 I/O 引脚使用，二是组成 JTAG 接口，作为下载使用。

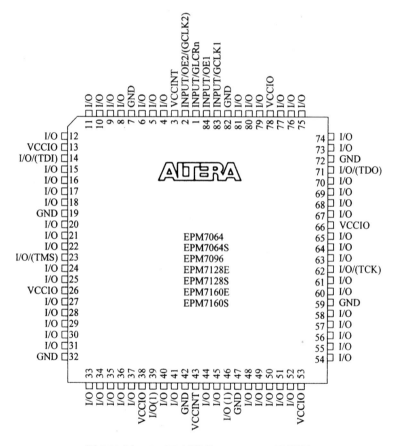

图 5.20(b) PLCC 封装的 EPM7128S 引脚图

TEC-8 综合实验系统中配置了 EPM7128S 器件。在数字逻辑实验中，它被用做大型综合实验的主要器件，使用+5V 电源。

5.3.3 在系统编程原理

ISP 技术的特点是不用编程器，用户直接在自己设计的目标系统中或线路板上对 PLD 器件进行编程。可以先装配后编程，成为产品后还可以反复编程。

1. 在系统编程原理

在系统编程与普通编程的基本操作一样，都是逐行编程。如图 5.21 所示的阵列结构共有 n 行，其地址用一个 n 位的地址移位寄存器来选择。对起始行(地址为全 0)编程时，先将欲写入该行的数据串行移入水平移位寄存器，并将地址移位寄存器中与 0 行对应的位置置 1，其余位置置 0，让该行被选中。在编程脉冲作用下，将水平移位寄存器中的数据写入该行。然后将地址移位寄存器移动一位，使阵列的下一行被选中，并将水平移位寄存器中换入下一行编程数据……

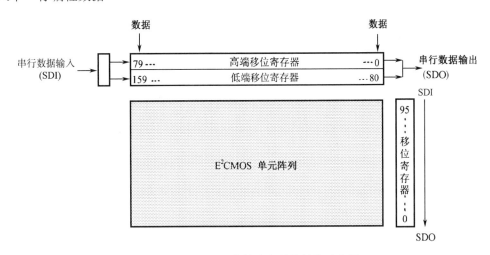

图 5.21 ispLSI 器件的编程结构转换示意图

由于器件是插在目标系统中或线路板上的，各端口与实际的电路相连，编程时系统处于工作状态，因而在系统编程的最关键问题就是编程时如何与外系统脱离。

ispLSI 器件有两种工作模式，即正常模式和编辑模式。工作模式的选择是用在系统编程使能信号 $\overline{\text{ispEN}}$ 来控制：当 $\overline{\text{ispEN}}$ 为高电平时，器件处于正常模式；当 $\overline{\text{ispEN}}$ 为低电平时，器件所有 I/O 端的三态缓冲电路皆处于高阻状态，内部 $100\text{k}\Omega$ 上拉电阻发挥作用，从而切断了芯片与外电路的联系，避免了编程芯片与外电路的相互影响。

ispLSI 器件有 5 个编程接口：$\overline{\text{ispEN}}$，SDI，MODE，SDO 和 SCLK。一旦器件处于编辑状态，则编程由 SDI，MODE，SDO 和 SCLK 信号控制。

在编辑模式下，串行输入端 SDI 完成两种功能，一是作为串行移位寄存器的输入；二是作为编程状态机的一个控制信号。SDI 由方式控制信号 MODE 控制：当 MODE 为低时，SDI 作为串行移位寄存器的输入；当 MODE 为高时，SDI 作为控制信号。器件在编程时还应将水平移位寄存器的输出反馈给计算机，以便对编程数据进行校验，所以器件上还有一个串行数据输出端 SDO。串行(移位寄存器)时钟 SCLK 提供串行移位寄存器和片内时序机的时钟信号。应注意只有 $\overline{\text{ispEN}}$ 为低电平时才能接受编程电缆送来的编程信息。当 $\overline{\text{ispEN}}$ 为高电平即正常模式时，编程控制脚 SDI，MODE，SDO，SCLK 可作为器件的直通输入端。

对某一行的编程过程有以下三步操作：第一，按地址和命令将 JEDEC 文件中的数据自SDI 端串行输入数据寄存器；第二，将编程数据写进 E2CMOS 逻辑单元；第三，将写入的数据自 SDO 移出进行校验。

同一行数据寄存器分为高段位和低段位，它们的编程是靠不同的命令分别进行的。对整个芯片的编程还有许多其他操作，如整体擦除或部分(GLB，GRP，IOC 等)擦除，保密位编程，将 GLB 或 IOC 中寄存器组态成串行移位寄存器等。所有这些操作，都必须在计算机的命令下按一定顺序进行，因此在 ispLSI 中安排了一个编程状态机来控制编程操作的执行。编程状态机相当于一个硬件控制器。

2. ISP 器件的编程方式

对 ISP 器件的编程可利用 PC 机进行。PC 机并行口向用户目标板提供编程信号的环境，它利用一条编程电缆将确定的编程信号提供给 ISP 器件。该电缆是一根 7 芯传输线，除了前面说的 5 根信号线外，还有一根地线和对目标板电源的检测线。

如果一块线路板上装有多块 Lattice ISP 器件，可对它们总的安排一个接口即可。图 5.22 示出一种并联方式，各 ISP 器件的 4 个编程控制信号(MODE，SDI，SDO，SCLK)分别连在一起，$\overline{\text{ispEN}}$ 信号则对各器件分别使能，让它们逐个进入编程状态。其他处于正常工作模式的器件仍可继续完成正常的系统工作。

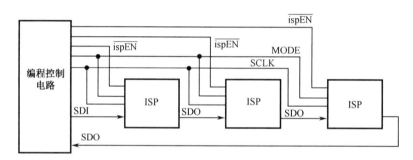

图 5.22 典型 ISP 编程电路

5.4 可编程逻辑的原理图方式设计

5.4.1 编程环境和设计流程图

1. 编程环境

编程环境有硬件和软件。对可编程逻辑器件的设计，人们美言为 EDA(电子设计自动化)。通俗地讲，EDA 是用软件方法来设计硬件，因此需要如下四样硬件和软件工具，如图 5.23 所示。

图 5.23(a)，1 台个人计算机，它运行系统要求的特定软件工具。

图 5.23(b)，器件制造商提供的 CD 盘，或从制造商网站下载的开发软件。

图 5.23(c)，可编程逻辑器件，它是从未用过的，也可以是重复编程的。

图 5.23(d)，连接电缆线，将待编程的目标器件连接到计算机并行端口。目标器件的放置采用两种方法之一：一是用编程器，二是用开发板。ISP 芯片可以直接使用系统板。

在软件安装到计算机之后，试图对器件连接和编程之前，必须熟悉特定的软件工具。这个学习过程需要相当的精力和时间。

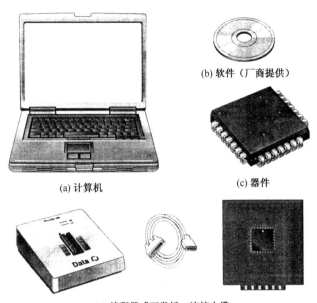

(a) 计算机

(b) 软件（厂商提供）

(c) 器件

(d) 编程器或开发板、连接电缆

图 5.23　编程环境

2. 设计流程图

可编程逻辑器件的逻辑设计实现过程包含了若干步骤，叫做设计流程。设计流程的框图如图 5.24 所示，它包含了对图形资源库的访问。

设计输入　设计输入是与器件无关的，它是编程的第一步。所设计的电路必须以文本方式，或原理图方式输入到计算机。文本方式的输入使用 VHDL，Verilog，AHDL 等任何一种硬件描述语言完成。原理图方式的输入允许从图形资源库中取出所需的逻辑功能单元，放置在计算机屏幕上，然后连接起来得到一个逻辑设计。

编译状态　一旦输入了一个设计，就进入编译状态。编译器是一个程序，这个程序能控制设计流程，并将源代码翻译成能够为目标器件进行逻辑测试或下载的目标代码。源代码在设计输入处产生，目标代码是实际设计在可编程器件上实现的最终代码，它一定是二进制代码。

功能模拟　输入且被编辑的逻辑设计，必须通过软件进行模拟，以确认逻辑电路是否实现预期的功能。模拟可以确保特定的输入集可以产生正确的输出。实现这个功能并与器件无关的软件，通常称为波形编辑器。要修改模拟结果显示的错误，需要返回到设计入口，并做出适当修改。

综合　在综合阶段，设计被翻译成一个网表，它有一个标准格式，并且是器件无关的。

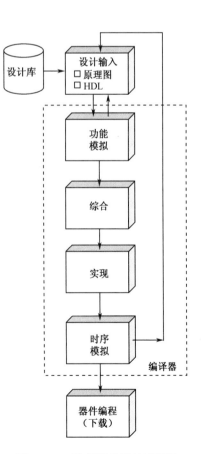

图 5.24　可编辑逻辑设计流程图

　　实现　在实现阶段，通过网表描述的逻辑结构与被编程的指定器件相映射。实现过程被称作放置和布线，也称为适配，输出的结果称作位流，它用二进制码串表示。

　　时序模拟　该步骤开始于逻辑设计匹配特定的器件之后。时序模拟可以确保没有导致传播延迟的设计错误或时序问题。

　　下载　一旦用于某种特定可编程器件的位流已经产生了，就可以下载到器件上，即在硬件上实现了软件设计。一些可编程器件必须在开发板安装一种特殊的设备叫编程器。ISP器件不需编程器，可以直接在目标板上进行。有些 FPGA 器件是易失性的，断电情况下会丢失内容，在这种情况下，位流数据必须保存在存储器中，并在每次重启或断电之后重新加载到器件中。

5.4.2　设计输入

　　可编程逻辑器件中实现的逻辑电路设计，可采用两种基本方式之一进行输入：一是文本输入，二是原理图输入。使用文本输入必须熟悉一种硬件描述语言 HDL，由可编程逻辑器件制造商提供它们的软件包。原理图输入不需要 HDL 的知识，它允许将逻辑门的符号以及从图形库中得到的其他逻辑元件放置在计算机屏幕上，且按设计要求连接它们。

　　两种输入方式比较，文本方式具有更大的通用性，适用于非常复杂的逻辑电路设计。原理图输入方式直观简单，但受屏幕限制，难以进行复杂的逻辑设计。图 5.25 示出了一个简单与-或逻辑电路的两种输入形式。本小节重点介绍原理图输入。

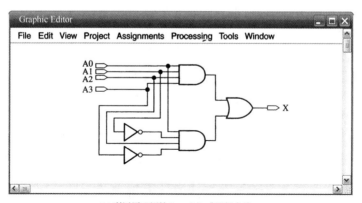

(a) 利用原理图输入一个与或逻辑电路

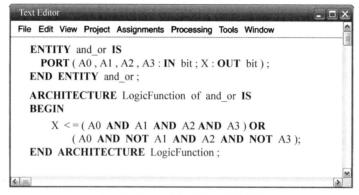

(b) 利用 VHDL 输入相同的与或逻辑电路

图 5.25　原理图方式(a)和文本方式(b)设计同一逻辑电路

构建逻辑原理图　当在屏幕上输入完整的逻辑电路时，它被称为平面原理图。太过复杂的逻辑电路可能难以一次放在屏幕上，可以分段输入，以块符号的形状保存每个段，然后将块符号连接起来组成完整的电路。这种方法称为分层指示法，下面举例说明。

假设需要生成以下 SOP 形式表达式的逻辑电路

$$Z = (A_3A_2A_1A_0 + \overline{A_3}\,A_2\,A_1\,A_0) + (A_3\,\overline{A_2}\,\overline{A_1}\,A_0 + A_3\,\overline{A_2}\,A_1\,\overline{A_0} + \overline{A_3}\,A_2\,A_1\,\overline{A_0})$$

让我们用分层指示法把两个括号内表达式看成两个逻辑电路，每个逻辑电路简化为一个单一的图形块符号。然后，当两个电路都完成时，把它们放在屏幕上，并将它们的输出连接到或门上。图 5.26 表示了这个过程。完整的电路可能会一次在屏幕上输入。但逻辑电路较大必须把它分割成小部分时，分层指示法是有用的。

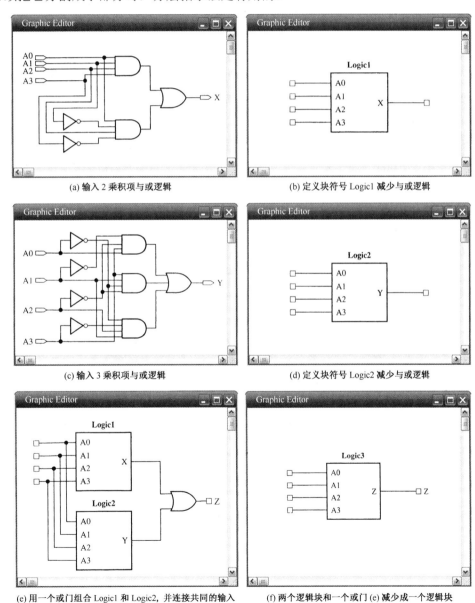

图 5.26　逻辑分段与结合的例子

在图 5.26(e)中，逻辑可以被简化为另一个块符号，因而可应用在一个甚至更大的逻辑设计中，如图 5.26(f)所示。它被保存起来，并且在其他设计中可以重复使用。

当逻辑电路以原理图方式输入计算机后，被称为编译器的编程应用程序来控制不同的 CAD 工具，由 CAD 工具处理原理图，并为目标器件生成最终所需的二进制代码做好准备。

5.4.3　功能模拟

设计流程中功能模拟的目的是：确保输入的设计在综合到一个硬件设计之前，在逻辑操作方面正常运作。基本上，在逻辑电路被编译之后，它就可以提供输入波形。采用波形编辑器检测所有可能输入的对应输出，就可以进行模拟。

波形编辑器允许选择我们想要测试的结点(输入和输出)，如图 5.27(a)所示。选定的输入输出名字，伴随着一个符号或其他能标志一个输入输出的标识，出现在波形编辑器屏幕上。最初，所有的 4 个输入默认为 0，叉形表示的输出是未知的。

下一步，通过在每一个时间间隔输入 1 或 0 产生每一个输入波形。根据不同软件，这通常用鼠标的点击和选择处理来实现。对此特例，将产生一种波形使 4 输入的 16 种组合都能得到显示，如图 5.27(b)所示。

当确定输入波形后，通常一个模拟窗口就打开了，允许我们设置模拟的开始和结束时间，并确定显示的时间间隔。当开始模拟以后，输出波形 F 就会在波形编辑器上显示，它应该正常指示逻辑功能，如图 5.27(c)所示。由此显示，可以断定设计是否正确。此例情况

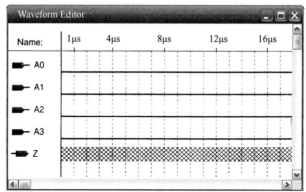

(a) 为电路指定的输入输出名字显示

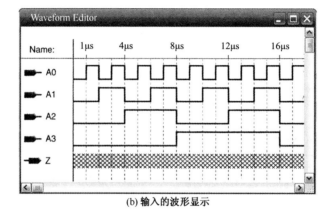

(b) 输入的波形显示

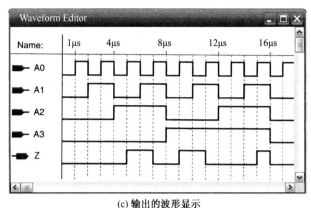

(c) 输出的波形显示

图 5.27　功能模拟显示图

下，输出波形对于选定的输入波形是正确的。不正确的输出波形，显示了逻辑功能上有缺陷，不得不回去检查最初的设计，然后重新输入修正后的设计。

5.4.4　综合和实现(软件)

1. 综合阶段

一旦设计输入到计算机，并经功能模拟验证了逻辑操作的正确性以后，编译器自动遍历下面几个阶段，为设计下载到目标器件做准备。

在设计流程的综合阶段，设计从几个方面得到优化：门的数量最小化；能够完成同样功能但更有效的其他逻辑元件取代已有的逻辑元件，删除任何不必要的逻辑。最后从综合阶段输出的是一个描述逻辑电路优化后版本的网表。网表由综合软件生成，它基本上是一个描述元件和它们怎样相互连接在一起的连接表，此处不再细述。

图 5.28(a)所示为设计阶段输入的与-或逻辑电路，经过综合阶段，可以导致图 5.28(b)所示的优化电路。此例中，编译器去掉了三个或门，用一个 5 输入或门取而代之，而且 2个多余的反相器被删去。

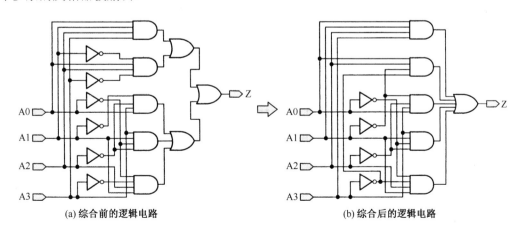

(a) 综合前的逻辑电路　　　(b) 综合后的逻辑电路

图 5.28　综合阶段的逻辑优化例子

2. 实现阶段

设计综合之后，编译器转向实现设计的任务，这项任务基本上是一种映射，使设计和器件自身体系结构、引脚配置的特定目标器件相适应。这个过程称为设置和选径，简称适配。

为了完成设计的实现阶段，软件必须"了解"特定的器件和引脚信息。所有可能用到的目标器件的完整数据，通常保存在软件库中。

5.4.5　时序模拟

时序模拟发生在实现之后和下载目标器件之前。时序模拟的目的是：确保电路以设计频率工作，且没有传输延迟或其他影响全局操作的时序问题。

既然功能模拟已经通过了，从逻辑的观点看，电路已经可以正常工作了，为什么又要进行时序模拟呢？开发软件利用特定目标器件的信息，例如门的传输延迟，去实现设计的时序模拟，但对于功能模拟，是不需要选定目标器件的。图 5.29 示出了时序模拟结果的假定例子。如图 5.29 (a) 所示，波形编辑器观察到时序模拟的结果正确，没有任何时序问题。此时设计可准备下载。

然而假定如图 5.29 (b) 所示，时序模拟显示一个非常短暂的"毛刺"信号，它会导致传输延迟。出现这样的结果，需要仔细分析设计，查找原因，然后重新输入修改后的设计，重复进行设计流程的过程。注意。在此点上，我们还没有把设计提交给硬件器件。

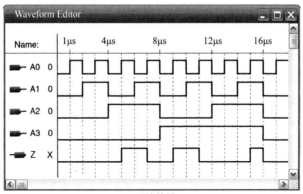

(a) 正确结果

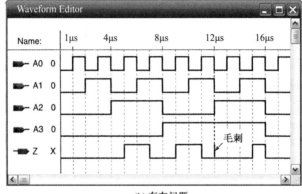

(b) 存在问题

图 5.29　时序模拟的假定例子

5.4.6　器件下载

一旦功能模拟和时序模拟顺利通过，我们就可以启动下载流程。这意味着最终设计的二进制码表示的位流产生了，并发送到目标器件进行自动配置。完成以后，设计实际上已放置在目标器件上，并且可以在电路上进行测试。图 5.30 表示了下载的基本概念。

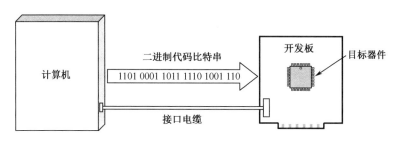

图 5.30　下载一个设计到目标器件

5.5　可编程逻辑的 VHDL 文本方式设计

5.5.1　VHDL 的基本概念

硬件描述语言 VHDL 是 IEEE 采用的一种标准语言，被命名为 IEEE Std.1076-1993。利用 VHDL 做逻辑设计输入的工具，称为文本输入，用来实现可编程逻辑器件的逻辑电路设计。VHDL 是一种复杂而综合性的硬件描述语言。本书避免枯燥无味地介绍 VHDL 语法，而是结合一些典型例子来说明 VHDL 的编程应用。读者要想深入掌握它，需要大量的编程实践，学中干，干中学，才能得心应手。

一个 VHDL 语言程序基本结构如图 5.31 所示，它包含实体（Entity）、结构体（Architecture）、包集合（Package）、库（Library）、配置（Configuration）五个部分。

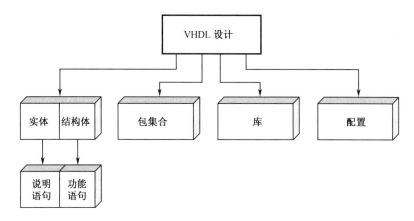

图 5.31　VHDL 程序的基本结构

实体用于描述所设计的系统的外部接口信号；结构体用于描述系统内部的结构和行为；包集合存放各种设计模块能共享的数据类型、常数、程序等；库用于存放已编译的实体、结构体、包集合、配置。库有两种：一种是用户自行生成的库；另一种是 PLD 制造商提供的库，如 74 系列芯片等，用户可直接引用，不必从头编写。配置用来从库中选取所需单元来组成新系统。

　　VHDL 描述结构体功能有三种方法：①数据流描述；②结构描述；③行为描述。不同的描述方式，只体现在描述语句上，而结构体的结构是完全一样的。在数据流方式中，通过布尔类型的语句来描述逻辑电路。结构描述方式的主要特征是分层次结构，高层可调用低层的设计模块。在后面的程序设计中，我们将介绍这两种常用的方法。

　　VHDL 语言描述基本逻辑门电路时，逻辑操作符使用如下 6 个关键词：AND(与)，OR(或)，NOT(非)，NAND(与非)，NOR(或非)，XOR(异或)，XNOR(同或)。

　　任何一个 VHDL 程序中两个必需的元素是 ENTITY 和 ARCHITECTURE,且它们必须同时使用。ENTITY(实体)通过被称为 RORT(端口)的外部输入和输出来描述一个给定的逻辑功能。而 ARCHITECTURE(结构体)用来描述系统内部的结构和行为。

【例6】　用 VHDL 设计一个 3 输入与门，其布尔表达式为 $X=ABC$。

解

```
ENTITY AND_Gate 3 IS
    PORT(A, B, C; IN bit; X:   OUT bit);
END  ENTITY AND_Gate 3;
ARCHITECTURE Logicfunction OF AND_Gate 3 IS
BEGIN
    X<=A AND B AND C;
END ARCHITECTURE Logicfunction;
```

　　例 6 的程序中，黑色字均为 VHDL 语言专用的保留字(关键字)，可以大写也可以小写。但是用户自己使用的标识符不能与这些保留字相同。上面程序中，前三条语句描述实体，后四条语句描述结构体。注意逗号、分号、冒号都有严格的语法规定，不能写错，否则编译过程将不会顺利通过。VHDL 所用的保留字共 75 个，列于表 5.1 中。

表 5.1　VHDL 专用的保留字

ABS	BUFFER	FUNCTION	NEXT
ACCESS	BUS	GENERIC	NOR(或非)
AFTER	CASE	IF	NOT(非)
AIT	COMPONENT	IN	NULL
ALL	CONSTANT	INOUT	OF
ALLAS	DOWNTO	IS	ON
AND(与)	ELSE	LABEL	OPEN
ARCHITECTURE	ELSIF	LIBRARY	OR(或)
ARRAY	END	LINKAGE	OTHERS
ATTRIBUTE	ENTITY	LOOP	OUT
BEGIN	EXIT	MAP	PACKAGE
BLOCK	FILE	NAND(与非)	PORT
BODY	FOR	NEW	PROCEDURE

续表

PROCESS	RETURN	TRANSPORT	WHEN
RANGE	SELECT	TYPE	WHILE
RECORD	SIGNAL	UNITS	WITH
REGISTER	SUBTYPE	UNTIL	XNOR（同或）
REM	THEN	USE	XOR（异或）
REPORT	TO	VARIABLE	

5.5.2　VHDL 的组合逻辑设计

1. VHDL 编程中的数据流描述方法

在数据流方法中，通过布尔方程类型的语句来描述逻辑电路，既可以描述组合电路，也可以描述时序电路。数据流的描述风格是建立在使用并行信号赋值语句的基础上。当语句中任意一个输入信号的值发生改变时，赋值语句就被激活，从而认为数据是从一个设计中"流入"，然后又"流出"。这种流入到流出的理念，称为数据流描述，它能比较直观地表达底层逻辑的行为特点。下面举例说明。

【例 7】　图 5.32 表示一个 SOP 形式的逻辑电路，G_1 是 3 输入与非门，G_2，G_3 是 2 输入与非门，而 G_4 是一个负或门。请采用数据流描述法设计此逻辑电路的程序。

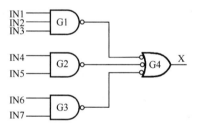

图 5.32　一个 SOP 形式逻辑电路

解

```
ENTITY SOP_Logic IS
    PORT(IN1, IN2, IN3, IN4, IN5, IN6, IN7: IN bit; X: OUT bit)
END ENTITY SOP_Logic;
ARCHITECTURE Logicoperation OF SOP_Logic IS
BEGIN
    X<=(IN1 AND IN2 AND IN3)OR(IN4 AND IN5)OR(IN6 AND IN7);
END ARCHITECTURE Logicoperation;
```

我们看到，在这个特殊的逻辑功能中，数据流法可导致较少的程序代码。然而当逻辑功能由许多非常复杂的逻辑块组成时，数据流法的优点不如结构描述法。

2. VHDL 编程中的结构描述方法

VHDL 编程中的结构方法，类似于采用固定功能逻辑芯片的硬件实现方法。图 5.33 表示 VHDL 结构方法和一个电路板上的硬件实现的简单比较。当使用结构方法时，我们关心的是在描述逻辑功能时,如何把各个部分连接到一起。COMPONENT(组件)是在一个程序或其他程序中重复使用目的而预先规定逻辑功能的一种方法。这个组件能够用来描述从一个简单的逻辑门到复杂逻辑功能的任何事物。SIGNAL(信号)可以认为是一条道路,它被指定为一条"导线"在各个组件之间进行连接。

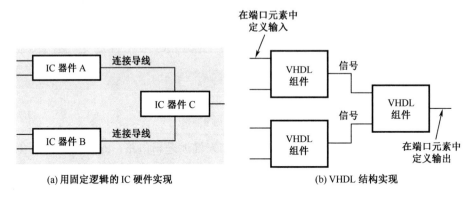

图 5.33　VHDL 结构法与固定逻辑 IC 硬件实现法的比较

一个 VHDL 组件描述了预先规定的逻辑功能,它在一个 VHDL 库中作为软件包存放起来,并在一个程序中根据需要可以多次调用。这样,我们在一个程序中就可以使用组件而避免出现多次的相同代码。例如,我们可以为一个与门生成一个 VHDL 组件,当写程序多次用到与门时,我们就可以直接使用这个组件,相当于主程序中多次调用子程序。

任何逻辑功能的 VHDL 程序都可以改变成一个组件,并可随时应用到更大的程序中。在组件应用中,使用的两个关键字是 COMPONENT 和 SIGNAL。

COMPONENT 描述预先定义的逻辑,并将其存储在 VHDL 库中的软件包中;而 SIGNAL 是逻辑电路内部的连接,它和输入输出有区别。因为输入输出使用端口语句在实体中定义,而信号在结构体(ARCHITECTURE)内部用信号语句定义。

图 5.34 示出了一个 SOP 形式的逻辑电路,它有两个与门和一个或门。现我们使用结构方法来描述,VHDL 程序对这个电路使用 2 个组件和 3 个组件调用。其中信号命名为 OUT1 和 OUT2。

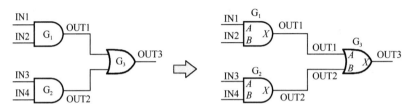

图 5.34　VHDL 组件示例

为了建立更清晰的概念,我们先列出 2 输入与门 $X=AB$,2 输入或门 $X=A+B$ 的 VHDL 程序,以便与后面引出的 VHDL 组件相比较。

2 输入与门 $X=AB$ 的 VHDL 程序:

```
ENTITY AND_gate IS
    PORT(A,B: IN bit;X: OUT  bit);
END ENTITY AND_gate;
ARCHITECTURE ANDfunction OF AND_gate IS
BEGIN
                X<=A AND B;
END ARCHITECTURE ANDfunction;
```

2 输入或门 $X=A+B$ 的 VHDL 程序：

```
ENTITY OR_gate IS
    PORT(A,B,IN bit;X:OUT bit);
END ENTITY OR_gate;
ARCHITECTURE ORfunction OF OR_gate IS
BEGIN
                X<=A OR B;
END ARCHITECTURE ORfunction;
```

这样对图 5.34，采用 VHDL 组件的程序如下：

```
ENTITY AND_OR_Logic IS
    PORT(IN1, IN2, IN3, IN4: IN bit; OUT3: OUT bit);
END ENTITY AND_OR_Logic;
ARCHITECTURE Logicoperation OF AND_OR_Logic IS

COMPONENT AND_gate IS
    PORT(A, B: IN bit;X: OUT bit)          ——用于与门的组件描述
END COMPONENT AND_gate;

COMPONENT OR_gate IS
    PORT(A,B: IN bit;X: OUT bit)           ——用于或门的组件描述
END COMPONENT OR_gate;

    SIGNAL OUT1, OUT2: bit;                ——信号描述
BEGIN

G1: AND_gate PORT MAP(A=>IN1, B=>IN2, X=>OUT1);
G2: AND_gate PORT MAP(A=>IN3 , B=>IN4,  X=>OUT2);   ——组件示例
G3: OR_gate PORT MAP(A=>OUT1, B=>OUT2, X=>OUT3);

END ARCHITECTURE Logicoperation;
```

我们注意到，组件示例出现在关键字 begin 和 end 之间。对每个示例定义一个标识符，此例中为 G_1, G_2, G_3。然后确定组件名称，通过 port map 语句用操作符 ⇒ 使所有的逻辑函数连接起来。例如 G_1 语句说明如下：与门 G_1 输入 A 连向输入 IN1，输入 B 连向输入 IN2，输出 X 连向信号 OUT1。因此 3 个示例语句一起完整地描述了图 5.34 左面的逻辑电路。

【例8】　SOP 形式的逻辑电路示于图 5.35，G_1 是 3 输入与非门，G_2, G_3 都是 2 输入与非门，G_4 是三输入负或门，请用结构法写一个 VHDL 程序。

解

```
ENTITY SOP_Logic IS
  PORT(IN1, IN2, IN3, IN4, IN5, IN6, IN7: IN bit; OUT4: OUT bit);
END ENTITY SOP_Logic;
ARCHITECTURE Logicoperation OF SOP_Logic IS
  COMPONENT NAND_gate3 IS
    PORT(A,B,C:IN bit; X:OUT bit);
  END COMPONENT NAND_gate 3;

  COMPONENT NAND_gate2 IS
    PORT(A,B:IN bit;X:OUT bit);
  END COMPONENT NAND_gate2;
```

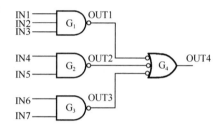

图 5.35　例 8 的逻辑电路图

```
  SIGNAL OUT1,OUT2,OUT3;bit;
BEGIN

  G1: NAND_gate3 PORT MAP(A=>IN1,B=>IN2,C=>IN3,X=>OUT1);
  G2:NAND_gate2 PORT MAP(A=>IN4,B=>IN5,X=>OUT2);
  G3:NAND_gate2 PORT MAP(A=>IN6,B=>IN7,X=>OUT3);
  G4:NAND_gate3 PORT MAP(A=>OUT1,B=>OUT2,C=>OUT3,X=>OUT4);

END ARCHITECTURE Logicoperation;
```

3. VHDL 编程中库元件调用法

我们在第 2 章中讲过的许多硬件逻辑功能构件如译码器、编码器、多路选择器、加法器等，都有 VHDL 设计的独立标准元件存放在设计资源库中。因此我们自己不必重新设计程序，而直接从库中调用这些元件即可。应该说，这是一个多快好省的方法。

【例9】　四选一多路选择器。

解　使用条件信号代入语句 WHEN…ELSE。当条件 1 成立时，表达式 1 的值代入目标信号；……，当 $n-1$ 个条件都不满足时，表达式 n 的值代入目标信号。

```
LIBRARY IEEE;
USE IEEE.STD_LOGIC_1164.ALL;

ENTITY MUX4 IS
PORT(D0, D1, D2, D3, A, B: IN STD_LOGIC; Q OUT STD_LOGIC);
END MUX4;

ARCHITECTURE RTL OF MUX4 IS
SIGNAL SEL : STD_LOGIC_VECTOR(1 DOWNTO 0);
BEGIN
    SEL<=A & B;
```

```
Q<=D0      WHEN    SEL="00"    ELSE
          D1      WHEN    SEL="01"    ELSE
          D2      WHEN    SEL="10"    ELSE
          D3      WHEN    SEL="11"    ELSE
                          'Z';
END     RTL；
```

思考题　你能用 VHDL 设计 3 线-8 线译码器吗？

5.5.3　VHDL 的时序逻辑设计

时序逻辑电路的输出不仅与当前的输入有关，而且还与历史状态有关，它具有"记忆"功能。常用的时序逻辑单元有触发器、寄存器、计数器等。构成这些单元电路的基础是触发器、时钟信号、复位/置位信号。

时钟信号　时钟信号通常描述时序电路的执行条件。时钟边沿分上升沿和下降沿。一般时序电路的同步点在上升沿。为了描述时钟的特性，可以使用时钟信号的属性描述。图 5.36 表示了时钟边沿与属性描述之间的关系。

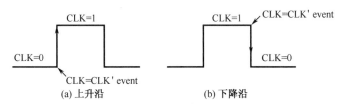

图 5.36　时钟边沿与属性描述

图 5.36(a)表示时钟上升沿工作，时钟信号的起始值为 0。上升沿的到来，表示发生了一个事件，用语句 CLK'event 表示。上升沿以后，时钟信号的值为"1"，故当前值为 CLK='1'。综上所述，时钟信号上升沿的属性描述可写为：

```
CLK'event AND CLK='1'
```

同理，图 5.36(b)中时钟信号下降沿的属性描述可写为：

```
CLK'event AND CLK='0'
```

同步复位/置位信号　用来设置时序电路的初始状态。当复位/置位信号有效且给定的时钟边沿到来时，时序电路才被复位/置位。时序电路要使用进程语句 PROCESS，一般格式为：

```
PROCESS(时钟信号名)
    BEGIN
        IF  时钟边沿表达式AND  复位/置位条件表达式   THEN
            ［复位置位语句;］
        ELSE
            ［其他执行语句;］
    END    IF;
END    PROCESS;
```

【例10】 8位标准寄存器设计。

解

```
LIBRARY    IEEE;
USE    IEEE.STD_LOGIC_1164.ALL;
ENTITY    REG_8    IS
PORT(D: IN    STD_LOGIC VECTOR(O TO 7);
    CLK: IN    STD_LOGIC;
    Q: OUT    STD_LOGIC_VECTOR(O TO 7);
END    REG_8;
ARCHITECTURE    BEHAVE_1    OF    REG_8    IS
BEGIN
    PROCESS  (CLK)
    BEGIN
      IF(CLK'EVENT AND CLK='1')THEN
        Q <=D;
        ELSE
      END    IF;
      END  PROCESS;
END    BEHAVE_1;
```

【例11】 4位加法计数器设计。

解 同步置位，异步清零。

```
LIBRARY    IEEE;
USE    IEEE.STD_LOGIC_1164.ALL;
USE    IEEE.STD_LOGIC_UNSIGNED.ALL;                ——注意要加上此库
ENTITY    counter    IS
  PORT(CLK, CLR, LOAD):    IN STD_LOGIC;
    data:    IN STD_LOGIC_VECTOR(3    DOWNTO    0);
    count:    OUT STD_LOGIC_VECTOR(3    DOWNTO    0));
END
ARCHITECTURE    COUNTER_ARCHITECTURE OF COUNTER    IS
  SIQNAL    count_i: STD_LOGIC_VETOR    (3    DOWNTO    0);
BEGIN
PROCESS(CLK    CLR)
BEGIN
    IF (CLR='0') THEN
    count_i<="0000";
    ELSIF    RISING_EDGE(CLK) THEN
      IF    LOAD='1'    THEN
        count_i<=data;
      ELSE
        count_i<=count_i+1;
      END    IF;
```

```
END    IF;
END    PROCESS;
count<=count_i;
END    COUNTER_ARCHITECTURE;
```

思考题　你能设计一个 BCD 码加法计数器吗？

【**例 12**】　设计一个串行序列信号检测器，要求连续输入三个或三个以上的 1 时，电路输出 1，其他情况下输出为 0，用 VHDL 设计此有限状态机电路。

解　设 X 为电路的数据输入端，Z 为输出端，CLK 为时钟信号，CLR 为电路复位信号，因此画出系统框图如 5.37(a) 所示，状态图见 5.37(b) 所示。程序中对状态转换使用 CASE 语句，从不同序列中选择其中之一执行。当电路复位时，处于 S0 状态。

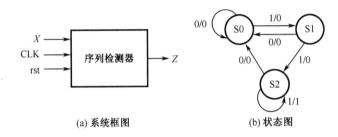

(a) 系统框图　　　　　　　　　(b) 状态图

图 5.37　序列检测器有限状态机

```
LIBRARY    IEEE;
USE    IEEE.STE_LOGIC_1164.ALL;
ENTITY    SEQ    IS
  PORT(CLK,X,rst;IN    STD_LOGIC;
       Z:OUT    STD_LOGIC);
END;
ARCHITECTURE    SEQ_ARCHITECTURE    OF    SEQ    IS
  TYPE    STATES    IS    (S0,S1,S2)
  SIGNAL    NEXT_STATE:STATES;
BEGIN
  PROCESS(CLK rst)
  BEGIN
    IF    rst='1'    THEN
    NEXT_STATE<=S0;
    ELSIF(CLOCK'EVENT    AND    CLOCK='1')    THEN
CASE    NEXT_STATE    IS
  WHEN S0=>
    IF    X='0'    THEN
    Z<='0';  NEXT_STATE<=S0;
  ELSE
    Z<='0';  NEXT_STATE<=S1;
    END IF
  WHEN S1=>
```

```
   IF    X='0'  THEN
      Z<='0';NEXT_STATE<=S0;
   ELSE
      Z<='0';   NEXT_STATE<=S2;
      END IF;
   WHEN   S2=>
      IF    X='1'     THEN
      Z<='1';   NEXT_STATE<=S2;
   ELSE
      Z<='0';   NEXT_STATE<=S0;
      END  IF;
    END  CASE;
   END  IF;
   END  PROCESS;
   END   SEQ_ARCHITECTURE;
```

小　结

　　PLD 是用户根据需要自行设计芯片中特定逻辑电路的器件，可以随时修改或升级，它为研究开发带来极大的灵活性和时间效益与经济效益。

　　所有的 PLD 是用可编程阵列组成的。可编程阵列本质上是行、列导线组成的与阵列、或阵列导电网格。在网格的交叉点上，通过 E^2CMOS 管等连接技术来编程实现逻辑 1 或 0。根据 PLD 器件容量大小，它分为 SPLD（简单可编程逻辑器件）和 CPLD（复杂可编程逻辑器件）两大类。

　　目前流行的 CPLD 有 FPGA 和 ISP 两类器件。从硬件结构上它们分为通用逻辑块、I/O 块、内部互连总线三部分。

　　PLD 器件的使用需要编程环境。编程环境有硬件和软件。需要 1 台个人计算机，厂商提供的开发软件工具，PLD 器件，开发板及连接电缆。

　　PLD 器件的设计可以采用原理图输入方式，也可以采用一种硬件描述语言（VHDL、AHDL 等）的文本输入方式。设计流程包括设计输入、编译、功能模拟、综合与实现、时序模拟、下载等步骤。

　　本章的重点是掌握两种设计输入方式。学会利用 VHDL 进行逻辑设计的流程，完成到 PLD 器件的下载，并实现规定的课题任务。

习　题

1. 例 1 中图 5.2 的与阵列编程中，SOP 表达式 $X = A\bar{B}C + \bar{A}B\bar{C} + \overline{AB} + AC$，请画出与阵列编程点。

2. 若或阵列的或门输出为

$$X_1 = A + \bar{B} + \bar{C} + D, \qquad X_2 = A + B + C + D$$

$$X_3 = \bar{A} + B + \bar{C} + D, \qquad X_4 = \bar{A} + \bar{B} + \bar{C} + \bar{D}$$

请画出该或阵列图及其编程点。

3. 假设与阵列、或阵列均可编程，且或阵列中或门的输出为

$$F_1 = A\bar{B}C + AB\bar{C} + A\bar{B}\bar{C} + ABC$$
$$F_2 = \bar{A}\bar{B}\bar{C} + AB + \bar{A}B\bar{C}$$
$$F_3 = A\bar{B}\bar{C} + B\bar{C} + \bar{A}BC + \bar{A}\bar{B}\bar{C}$$

请画出该与或阵列图及其编程点，标出相关信号。

4. 将一个 4 变量的 LUT 编程后产生如下 SOP 函数：

$$X = \bar{A}_3\bar{A}_2A_1\bar{A}_0 + \bar{A}_3A_2A_1\bar{A}_0 + \bar{A}_3A_2A_1A_0 + A_3\bar{A}_2A_1\bar{A}_0 + A_3A_2\bar{A}_1A_0$$

5. 用 VHDL 设计一个 4 输入与门，其布尔表达式为 $X = ABCD$。

6. 用 VHDL 设计一个 4 输入或门，布尔表达式为 $X = A + B + C + D$。

7. 用 VHDL 设计 SOP 表达式 $X = AB + CD + EF$。

8. 用 VHDL 设计布尔表达式 $F = (A + \bar{B} + C)(A + B + \bar{C})(\bar{A} + \bar{B} + \bar{C})$。

9. 若例 8 中图 5.35 的 G_1，G_2，G_3 门都是 3 输入与非门，请用结构法写出 SOP 表达式的 VHDL 程序。

10. 条件同第 9 题，用数据流法写出 SOP 表达式的 VHDL 程序。

11. 用原理图输入法设计 $X = AB + CD + EF$。

12. 用原理图输入法设计 $X = AB + \bar{C}D + \bar{B}D$。

13. 用 VHDL 设计 3 线-8 线译码器。

14. 用 VHDL 设计七段译码器。

15. 用 VHDL 设计 8/3 优先级编码器。

16. 用 VHDL 设计 BCD 码至二进制码转换器。

17. 用 VHDL 设计一个由 D 触发器组成的 4 位寄存器。

18. 用 VHDL 设计一个 4 位双向移位寄存器。

19. 用 VHDL 设计 8421BCD 码十进制加法计数器。

20. 用 VHDL 设计一个 3 位格雷码可逆计数器，$y=1$ 时计数器加，$y=0$ 时，计数器减，其状态图如图 P5.1 所示。

21. 用 VHDL 设计图 P5.2 所示的有限状态机。

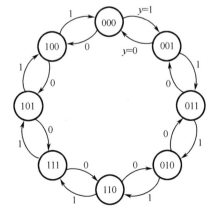

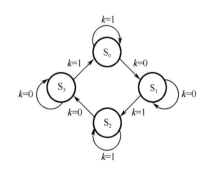

图 P5.1 3 位格雷码可逆计数器 图 P5.2

第 6 章

数 字 系 统

数字系统和数字逻辑功能部件在概念上有着本质的差别。应当说，数字系统是前面各章内容的综合，也最具有实用意义。掌握数字系统的基本概念，对学生知识结构的完备性是非常重要的。本章先讨论数字系统的基本概念，然后讨论数字系统的总体设计方法和控制器的设计方法，最后给出一个数字系统设计实例。

6.1 数字系统的基本概念

6.1.1 一个数字系统实例

数字系统是由许多基本的逻辑功能部件有机连接起来完成某种任务的数字电子系统，其规模有大有小，复杂性有简有繁。图 6.1 表示生产线上药片计数和装瓶控制显示系统的组成框图，它是一个典型的数字系统应用模型。

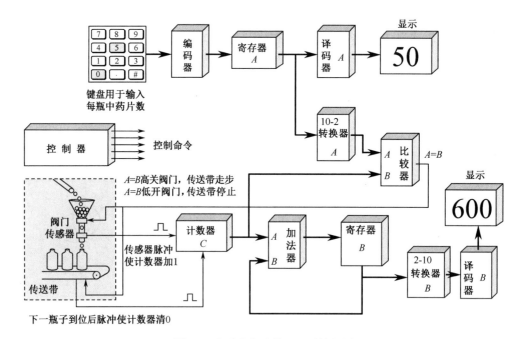

图 6.1 药片装瓶计数显示系统框图

如图 6.1 左面所示，药片由输送管送入漏斗装置中，后者颈部每次只允许一粒药片掉进传送带上的瓶子里。漏斗的颈部有一个光传感器，它探测到每一粒药片后产生一个电脉冲信号。这个脉冲传送到计数器中，使其计数加 1。这样在药片装入瓶子过程的任一时刻，计数器都保存着瓶子中药片数量的二进制数。这个二进制数以计数器通过并行导线传送到比较器的输入端 B。

另一方面，每个瓶子中要装入的固定药片数量(例如 50 片)通过键盘手动设置。按键信号经过编码器编码后送到寄存器 A 保存，而代码转换器 A 将寄存器 A 中的 BCD 数变成二进制数送到比较器输入端 A。

假设每个瓶子要装 50 粒药片，当计数器的数值达到 50 后，比较器的 $A=B$ 输出端出现高电平，指示瓶子已装满，立即关闭漏斗颈上的阀门使药片停止下落，与此同时它使传送带移动下一个瓶子到漏斗的下面。当瓶子到达漏斗颈正下方时，传送带的控制电路产生一个脉冲信号使计数器清 0，比较器 $A=B$ 输出端变成低电平，打开漏斗阀门，重新开始药片滴落。

在图 6.1 所示的例子中，我们使用了前面各章讲过的一些基本逻辑功能构件，如编码器、译码器、代码转换器、数据选择器、比较器、加法器、寄存器、计数器、七段显示器、时序器，等等。只要我们掌握了各个逻辑功能部件的作用，理解用它们来构成一个完整数字系统是不难的。注意，控制器是数字系统特有的功能部件。

思考题   数字系统的作用和逻辑功能部件的作用等价吗？

6.1.2 数字系统的基本模型

所谓数字系统，是指交互式的以离散形式表示的具有存储、传输、处理信息能力的逻辑子系统的集合物。一台数字计算机就是一个最完整的数字系统。显然，数字系统的功能、性能、规模远远超出了一般中小规模数字逻辑电路的范围。

虽然数字系统可能涉及诸如机械学、化学、热学、电学、经济学之类工程技术问题，但从本质上看，数字系统的核心问题仍是逻辑设计问题。这是因为，逻辑设计是实现子系统和整个系统的结构与功能的过程，从而最终完成系统所期望的信息处理、传输、存储任务。

传输是信息通过空间进行移动。在逻辑电路中金属导线提供了信息传输的通路。在并行传输中，一组导线中的每一条可以传递一个数字序列中的一位。在串行传送中，用一条导线在时间上顺序地传送一个数字序列。电子信号通过 1m 长的导线大约需要 3.3ns 时间。

存储是信息通过时间进行"搬运"。在动态式存储器中，在规定的一个时间周期内信息用重复经过一个延迟线的办法来保存信息。在静态式存储器中，在规定的时间周期内向专用记忆部件写入或读出所需的信息。

处理是信息按运算规则通过变更已给信息来形成新的信息。为了产生新的信息，必须对已给信息进行加工处理，其基本方法是算术运算和逻辑运算。电子信号通过处理电路时也要花费时间。

图 6.2(a)所示为数字系统的基本结构框图，它由输入部件、输出部件及逻辑系统构成。逻辑系统包括存储部件、处理部件、控制部件三大子系统。如果按控制与被控制的关系来分，存储部件和处理部件是被控部件，又称执行部件，它们受控于控制部件，在控制部件的命令下进行相应的动作。

存储部件和处理部件之间通过传输线相互连接。由于传输信息和处理信息都要花费时间，因此存储部件和处理部件要求在规定的时间间隔内源源不断地获得信息。当信息被传送到处理部件且被处理时，存储部件则保存并源源不断地供给信息，而计算的结果又被返回传送到存储部件。在数字系统中，这种活动是周期性的。如图 6.2(b) 所示，存储部件获得信息(A)；该信息被传送到处理部件且被加工处理(B)；加工处理后的更新信息又被传送到存储部件(C)。之后又开始另一个周期。

数字系统既然是交互式的，必须从外部环境接收信息，并将处理的结果信息供给外部环境，这通常由人机接口设备来实现。图 6.2(a) 中的输入部件和输出部件即体现这种功能。在简单的情况下，输入部件可看作为被处理的信息源，而输出部件可看作为计算结果的输出显示或打印接收器。

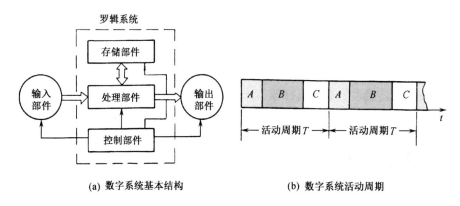

(a) 数字系统基本结构   (b) 数字系统活动周期

图 6.2   数字系统基本模型

在数字系统中，逻辑子系统活动性的协调配合是非常本质的。处理部件必须告诉所使用的运算规则集；存储部件必须遵循：一旦获得新的信息时就要抹掉旧的信息。同时我们要区分开两类信息：一类是数据信息，它在图中用双线表示；另一类是控制信息，它在图中用细线表示。对被处理的信息而言，我们要求获得答案。而控制信息仅支配获得答案所需的处理步骤。然而在数字系统中，不论是数据信息还是控制信息，都可以用完全相同的方法来存储、传输和处理。

图 6.2 所示的数字系统的模型是非常一般的，也是比较粗略的。本章将通过进一步的描述和例子来阐明这个模型。

6.1.3　数字系统与逻辑功能部件的区别

1. 有没有控制部件是二者的重要区别

一般来说，只要按预定要求能够产生或加工处理数字信息的装置都可看成是一个独立的数字系统。而逻辑功能部件的作用却比较单一。

数字系统通常由若干个逻辑功能部件组成，并由一个控制部件统一指挥。就数字系统的设计过程而言，总是从总体任务开始。首先分析设计任务，明确系统所应满足的要求和应具备的功能，确定总体任务。然后把总体任务划分成若干局部任务，每个局部任务由一个相应的子系统完成。如果子系统还比较复杂，可以进一步划分，直到每项局部任务都十分明确且易于实现为止。划分出来的子系统一般就是一个逻辑功能部件，诸如加法器、乘法器、译码器、寄存器堆、存储器等，它们都是典型的逻辑功能部件，可称为逻辑子系统。

由于每个逻辑子系统只担负局部任务，把这些子系统合并为大系统时，就必须有一个控制部件来统一协调和管理各子系统的工作，按一定的程序统一指挥整个系统工作。因此有没有控制部件是区别数字系统和逻辑功能部件的重要标志。凡有控制部件、且能按一定程序进行操作的系统，不论其规模大小，一律看成是一个数字系统。没有控制器又不能按一定程序操作的系统只能看成是一个逻辑部件或子系统。

2. 二者的设计方法不同

从设计方法看，数字系统级的设计和逻辑部件级的设计是沿不同途径进行的。一个逻辑部件的设计是先按任务要求，建立真值表或状态表，给出逻辑功能描述，然后进行逻辑化简或状态化简，最后一举完成逻辑电路的设计。这种设计过程称为自下而上的设计方法。

数字系统的设计方法，是一个自上而下的过程，又称为由顶向下的设计过程。整个设计过程包含了一系列的试探过程。在设计最终完成之前，设计者不可能确定所有的细节。在系统被划分成子系统的过程中，会有不同的方案需要试探、比较和验证。在完成了各个子系统的设计之后，又有一个把子系统连成整体并进行整体功能验证和检查的过程。如不能满足要求，则需要进行修改工作，修正子系统的划分。通常要经过一定的反复才能真正完成一个数字系统的设计。

正确合理的划分子系统是数字系统设计成功与否的关键。控制器是用来统一协调各子系统工作的核心部件，它的设计是数字系统级设计的特殊方面，也是本章讨论的重点。

6.2 数 据 通 路

6.2.1 总线结构

1. 总线的概念

数字系统内部主要的工作过程是数据信息传输和加工处理的过程。在系统内部，数据传输非常频繁。例如在 R_1，R_2，R_3 三个寄存器之间相互连接传送数据，就需要六组传送线。当数字系统很复杂时，所需的寄存器数目就越多，所用的器件量将增加很多，印制电路板上的走线非常困难，控制线路也变得非常复杂。为了减少数据传送线、节省器件、提高可靠性和便于控制，通常将一些寄存器之间的数据传送通路进行归并，成为一种传输线结构，使不同来源的数据信息在此传输线上分时传送，成为传送数据流的管道，犹如自来水管道一样。因此，所谓总线，就是多个信息源分时传送数据流到多个目的地的传输通路。在数字系统中总线是多个逻辑子系统的联结纽带。假如一组导线只连接一个信息源和一个负载，就不能称为总线。

图 6.3 是总线原理示意图。总线始端有 A_1，A_2，A_3，A_4 四个信息来源，经总线传输后有四个输出 B_1，B_2，B_3，B_4。传送数据时，只允许一个数据流进入总线。换句话说，同一时刻只能传送 $A_1 \sim A_4$ 四个信息源中的一个，这就需要在总线始端对进入总线的信息有选择地加以控制。同样，总线终端输出数据要送往何处，也需要有选择地加以控制。这个任务由控制器来完成。图 6.3 中所示为信息源 A_3 经总线传送后送到目的地 B_1。

如果总线的始端与终端是固定不变的，即信息只能从始端向终端传送，称为单向总线。数字系统中多采用双向总线。所谓双向总线，就是信息的源端和目的端是相对的，即可以实现信息的双向传送。例如图 6.3 中，既能实现信息从 A 端传送到 B 端，又能实现从 B 端传送到 A 端。

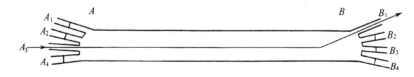

图 6.3　总线原理示意图

2. 总线的逻辑结构

总线结构的逻辑实现可以采用多路选择器方式、三态门方式。第一种方式是单向总线，第二种方式可以组成双向总线。

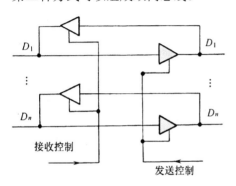

图 6.4　双向数据总线

图 6.4 示出了双向数据总线的逻辑结构图。图中只画出总线中的两位。接收控制信号与发送控制信号由控制器给出，它们分别加到两组三态门的禁止端。这两个控制信号不能同时有效。当接收控制信号有效时，左列的三态门打开，右列的三态门输出与总线断开，因而数据由右面传送到左面。当发送控制信号有效时，右列的三态门工作，左列的三态门输出与总线断开，因而数据由左面传送到右面。

三态门构成的总线如图 6.5 所示。发送数据的三个寄存器 A, B, C 通过三态门与总线 BUS 相连接；接收数据的寄存器 D, E, F 直接接在 BUS 上，并由寄存器的打入信号端作为接收控制信号。当三态门的使能控制端信号为 1 时，发送寄存器的数据将发送到 BUS 上，接收寄存器通过打入控制信号将数据接收到相应的寄存器中。当三态门使能控制端信号为 0 时，该三态门输出端呈现出高阻抗状态，相当于该三态门与 BUS 断开。三态门的这种特性，保证了总线上信息的分时传送，而且逻辑结构清晰，使用的逻辑元件少，更重要的是还能构成双向数据总线，实现数据的双向传送。

在数字系统中，三态门构成的数据总线可以有效地连接各个逻辑子系统，因而得到了最广泛的应用。

【例 1】　说明图 6.5 所示三态门构成的数据总线中，数据由 B 寄存器传送到 D 寄存器的路径，指明哪些控制信号有效。

解　控制信号 $B \rightarrow$ BUS 和 LDD 必须有效：$B \rightarrow$ BUS 信号打开三态门，B 寄存器的数据送到 BUS 总线上，然后由打入信号 LDD 打入到

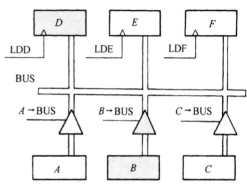

图 6.5　三态门构成的数据总线

D 寄存器。其他 4 个控制信号必须无效。

6.2.2 数据通路实例

数字系统中，各个子系统通过数据总线联结形成的数据传送路径称为数据通路。数据通路的设计直接影响到控制器的设计，同时也影响到数字系统的速度指标和成本。一般来说，处理速度快的数字系统，为了使各寄存器间的信息能够同时并行传送，它的独立传送信息的通路较多。但是这也带来另一个问题，即独立数据通路一旦增加，控制器的设计也就复杂了。因此，当数字系统的速度指标确定以后，在满足速度的前提下，为使数字系统的结构尽量简单，一般在小型系统中多采用单一总线结构。在较大系统中可采用双总线或三总线结构。

为了说明上述思想，我们举出图 6.6 所示的数据通路例子。

图 6.6 所示为一简单运算器结构，有三个通用寄存器 $R_1 \sim R_3$ 和一个 ALU。使用一个三选一多路选择器构成运算器的数据总线 BUS，并将 $R_1 \sim R_3$ 同 ALU 连接起来。A 多路选择器从三个寄存器中选择其一作为一个操作数。例如，当控制信号 $AS_0AS_1=01$ 时，选择 R_1；$AS_0AS_1=10$ 时，选择 R_2；$AS_0AS_1=11$ 时，选择 R_3。B 多路选择器从三个寄存器中选择其一作为另一个操作数，例如，当控制信号 $BS_0BS_1=01$ 时，选择 R_1。所选择的两个寄存器中的数在 ALU 中进行运算。运算结果送到最上面的移位多路选择器，其功能是移位处理。当控制信号 $YS_0YS_1=01$ 时，运算结果左移 1 位送到总线 BUS 上；当 $YS_0YS_1=11$ 时，右移 1 位送到 BUS 上；当 $YS_0YS_1=10$ 时，运算结果不移位，直接将 ALU 输出传送到 BUS 上。然后由控制信号 $LDR_1 \sim LDR_3$ 有选择地打入到一个寄存器。如果运算结果不进行移位处理，可取消移位器多路开关，直接将 ALU 的输出连接到 BUS 上。

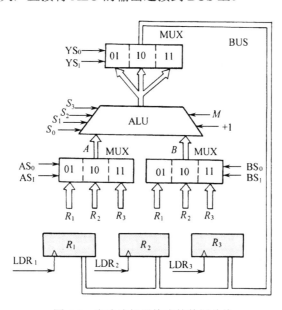

图 6.6 多路选择器构成的数据总线

图 6.6 的例子可以使我们体验到采用多路选择器构成总线的基本思想。如果信息源尚多，可选用四选一和八选一等多路选择器。也可以在一个多路选择器的后面再接一个多路

选择器。不过这样一来,信息的传输增加了一级多路选择器的延迟时间。另一个问题是,多路选择器只能构成单向总线。

6.3　由顶向下的设计方法

6.3.1　数字系统的设计任务

从理论上讲,任何数字系统都可以看成为一个复杂的时序系统。因此,原则上应用第三章的理论就可以设计出数字系统。然而,当一个系统外部输入变量和内部状态变量很多时,再用状态表和卡诺图等工具来描述一个大型时序系统就很困难了,需要采用新的方法来描述和设计数字系统。

数字系统的设计任务主要包括下列几部分:

(1)对设计任务进行分析,根据课题任务,把所要设计的系统合理地划分成若干子系统,使其分别完成较小的任务。

(2)设计系统控制器,以控制和协调各子系统的工作。

(3)对各子系统功能部件进行逻辑设计。

对于复杂的数字系统,还要对各子系统间的连接关系及数据流的传送方式进行设计。

数字系统的设计,由于设计一开始首先要仔细分析总体设计任务,所以是由顶向下的设计过程。对整个设计要求和任务的良好理解是设计任务能否很好完成的关键。只有仔细分析和明确了总体设计的任务后,才有可能合理地进行子系统的划分工作。

子系统的划分过程,实际上是把总体任务划分成若干个分任务的过程。这项工作完成的好坏可由下列原则进行初步衡量:

(1)对所要解决的总体任务是否已全部清楚地描述出来。

(2)是否有更清楚、更简单的描述可以概括所要解决的问题。

(3)在考虑子系统划分时,各子系统所承担的分任务是否清楚、明确,可否有更简单、更明确的划分方式。

(4)各子系统之间的相互关系是否明确,它们之间的相互关系是怎样的。

(5)控制部分和被控制部分是否清楚明确,它们之间的控制关系是怎样的。

子系统的划分是数字系统设计的开始,可称为数字系统的初步设计。在此阶段,务必要明确总体任务与各子系统之间的关系,千万不要急于查阅手册,寻找可以"解决问题"的集成电路。否则将会陷入用"芯片来拼凑"的歧途。下面举例说明数字系统的初步设计过程。

【例2】　设计一个简单的8位二进制无符号数并行加法运算器,使之能完成两数相加并存放累加和的要求。

解　对这样一个简单的数字系统,根据所提出的要求,它需要:① 一个8位的加法器,用来完成两个数相加的操作;② 两个8位寄存器,分别存放加数和被加数;③ 一个8位寄存器,存放求和结果。但是进一步分析发现:由于在相加之前,结果寄存器是闲置的,而求和结果出来后,加数或被加数已无保留的必要,因而三个寄存器中可省去一个寄存器,只需两个8位寄存器,其中一个既作为被加数(或加数)的暂存,又作为存放结果的寄存器。

由于一个寄存器两用,需要增加一个通路开关。根据这些初步考虑,可以画出如图 6.7 所示的基本框图。图中,寄存器 A 存放加数,寄存器 B 存放被加数(结果),寄存器 C 由 1 位标志触发器组成,用来存放进位信号。此外,还需要设置一个控制器以协调加法操作过程。这样,并行累加求和的运算器粗略地划分为五个子系统和一个控制器。

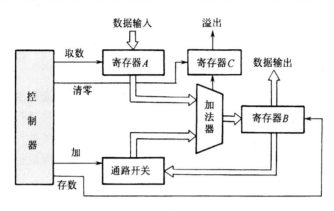

图 6.7　累加运算器基本框图

现在需要进一步讨论控制器的控制算法。控制器应完成下列各步的控制操作:

(1)准备,寄存器 C 清零。

(2)取加数,存放于寄存器 A。

(3)取被加数,存放于寄存器 B。

(4)将结果存入寄存器 B。

上述控制算法似乎已满足要求,但仔细分析,尚有不足之处。按上述算法,数据要分别经寄存器 A 与 B 取入,这就需要在数据输入线上增加数据通路。改进的办法是,加数和被加数都经过同一个寄存器 A 取入,在取第二个数之前,把 A 中的数送 B,这样可以免除取数时的数据流控制,简化数据通路电路。不过,这就需要在控制算法中加入一步从寄存器 A 到寄存器 B 的送数控制,送数路径可通过加法器到寄存器 B,不必增加设备。用来存放数据的寄存器可以不清零,所以清零操作只对寄存器 C 进行。当无进位信号时,C 中不能有数,所以对寄存器 C 的原始状态必须清除。从时间上讲,寄存器 C 清零和取数到寄存器 A 可以同时进行。这样,控制算法可修改为下列四步:

(1)寄存器 C 清零,取被加数至寄存器 A。

(2)将 A 中数据送寄存器 B。

(3)取加数至寄存器 A。

(4)将 A 与 B 中的数相加,结果存于 B,进位信号送至寄存器 C。

至此,系统的初步设计告一段落。

6.3.2　算法状态机和算法流程图

如前所述,在初步设计阶段,就应当把控制器的"控制算法"从被控制的子系统中分离出来。所谓控制算法,就是控制器对被控对象的控制关系。把控制算法分离出来就是明确这种控制关系。

由于控制算法在数字系统设计中起着重要的作用，故需要有一种比较好的方式来表达它。这种表达的方式应能很好地帮助设计者明确表达控制算法，而且还应能较方便地把算法转换成实现它的硬件。算法状态机可以用来完成这一任务。

算法状态机(简称 ASM)本质上是一个有限状态机，主要用于同步系统。它可以比较准确地描述控制器的功能和状态变化条件。算法一词在此处的含义是：既能从形式上描述控制关系的条件，又像一般的算法语言一样，能用一种流程图描述控制器的控制状态及其转换关系。此外 ASM 还可以精确地表示出状态转换的时间关系。而一般的算法语言只能表达事件的先后顺序，无法表示该事件所经历的时间。

ASM 理论可以把非常复杂的控制器的控制过程用框图式的流程图——算法流程图表示出来，所以算法流程图又称为 ASM 流程图。从形式上看，这种流程图类似于描述软件程序的流程图，但它能和实现它的硬件很好地对应起来。它显示了软件工程与硬件工程在理论上的相似性和可转换性，即同一控制过程往往既可用软件实现，也可用硬件实现。算法流程图可以成为设计控制器的重要工具。

算法流程图由下列几种基本图形组成：

(1) 状态框。它是一个具有进口和出口的矩形框，用来代表系统的一个状态，如图 6.8(a)所示。状态名称写在矩形框左上方，操作内容写在矩形框内。状态框的右上方可以写上状态的编码。状态所包含的时间因素用状态时间来表示。在同步系统中，状态所经历的时间至少是一个 T 周期。状态的时间关系由时钟脉冲的时间坐标来表示，如图 6.8(b)所示。

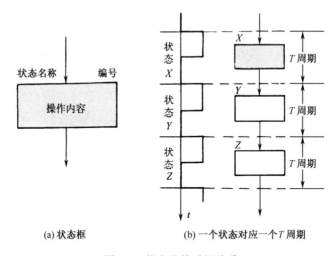

(a) 状态框　　　　(b) 一个状态对应一个 T 周期

图 6.8　状态及其时间关系

(2) 分支框。又称条件判断框，用单入口双出口的菱形或单入口多出口的多边形符号表示，如图 6.9(a)所示。在菱形和多边形框内写检测条件，在分支出口处注明各分支所满足的条件。例如对二分支而言，检测条件 $M=0$ 时向右分支，$M=1$ 时向左分支。对四分支而言，当检测条件 MN 满足 $MN=00, 01, 10, 11$ 其中之一时，转到相应的分支上去。更多的分支依此类推。

(3) 条件输出框。其符号示于图 6.9(b)，由平行四边形组成。它的入口必须来自某一分支，当某些条件满足时，给出指定的输出，输出的操作内容写在框内。注意，条件输出框不是控制器的一个状态。

(4) 状态单元。 它综合一个状态框和若干条件判断框或条件输出框组成， 如图 6.9(c) 所示。 状态单元的入口必须是状态框的入口， 出口可以有几个， 但必须指向状态框。

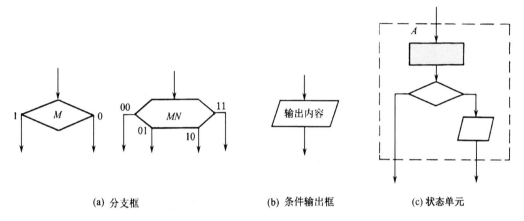

(a) 分支框　　　　　　　(b) 条件输出框　　　　　(c) 状态单元

图 6.9　算法流程图的基本图形

有了上述的基本图形和单元， 就可构成算法流程图。 算法流程图可以直接从控制算 法得到， 也可以从状态图转化过来。

【例 3】　将图 6.10(a) 所示的米里机状态图转换成 ASM 流程图。

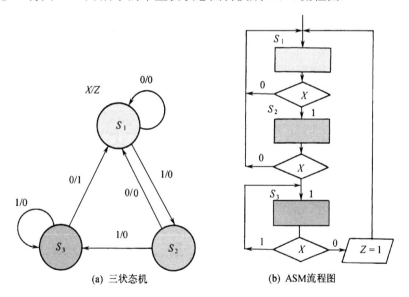

(a) 三状态机　　　　　　(b) ASM流程图

图 6.10　三状态机及其 ASM 流程图

解　这是一个三状态机，有三个状态 S_1，S_2，S_3。输入参数为 X，输出参数为 Z。

在状态 S_1：当检测条件满足 $X=0$ 时，状态仍维持在 S_1 状态，且输出 $Z=0$；当 $X=1$ 时，状态由 S_1 转移到 S_2，且输出 $Z=0$。

在状态 S_2：当 $X=0$ 时，状态由 S_2 转移到 S_1，且输出 $Z=0$；当 $X=1$ 时，状态由 S_2 转移到 S_3，且输出 $Z=0$。

在状态 S_3：当 $X=1$ 时，状态仍维持在 S_3 状态，且输出 $Z=0$；当 $X=0$ 时，状态由 S_3 转移到 $S1$，并有输出 $Z=1$。

由上述分析，可画出等价的 ASM 流程图如图 6.10(b) 所示。

【例 4】 将图 6.11(a) 所示的四状态机转换成 ASM 流程图。

解 这是一个四状态机，有四个状态 a，b，c，d。输入参数为 X，输出参数为 Z。

在状态 a：当检测满足 $X=0$ 时，状态仍维持 a 状态，且输出 $Z=0$；当 $X=1$ 时，状态由 a 状态转移到 b 状态，且输出 $Z=1$。

在状态 b：当 $X=1$ 时，状态由 b 状态转移到 c 状态，且输出 $Z=1$；当 $X=0$ 时，状态由 b 状态转移到 d 状态，且输出 $Z=0$。

在状态 d：当 $X=0$ 时，由 d 状态转移到 b 状态，且输出 $Z=1$；当 $X=1$ 时，由 d 状态转移到 a 状态，且输出 $Z=0$。

由上述分析，可画出等价的 ASM 流程图，如图 6.11(b) 所示。

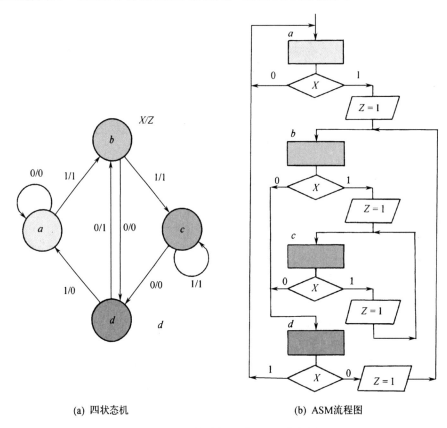

(a) 四状态机　　　　　(b) ASM流程图

图 6.11　四状态机及其 ASM 流程图

6.4　小型控制器的设计

6.4.1　控制器的基本概念

6.2 节中我们讨论了数据通路。如图 6.6 所示，在一系列控制信号的控制下，才能实现数据在各子系统之间的传输、处理或存储。那么这些控制信号是从哪里产生的呢?它们来自控制器!本质上讲,控制器是一种时序网络。然而决定这个时序网络的结构却不那么容易。

控制器的设计是数字系统硬件设计的中心环节。控制器本身也是一个子系统,它的作用是解释所接收到的各个输入信号,根据输入信号和预定的算法流程图程序使整个系统按指定的方式工作。控制器的控制程序可以直接由硬件实现,也可以由固件(固化的控制软件)实现。例如,微程序控制器就是把控制命令固化到 ROM 中,然后读出并执行各种控制操作的一种灵活方便的控制器。

从本质上讲,由硬件直接实现的控制器设计与一般时序电路并无区别,仅仅由于设计着眼点不同使得控制器的设计有其特殊性。控制器设计的主要特点是:不必过分追求状态最简,触发器的数量也不必一味地使其最少。主要理由是,控制器的成本只占总成本很小一部分,而控制器的性能对整个系统的工作有举足轻重的影响。有时,在控制时序中增加一些多余状态,会使数字系统工作更加直观,便于监视和检查故障。在状态化简时,应首先考虑工作性能的优劣,维修是否方便,工作是否可靠直观,不必过分追求最简状态。为了使控制状态单纯而明确,可采用"一对一"法设置触发器,即一个状态设一个触发器,避免状态分配的麻烦。这样做,虽然增加了一些硬设备,却换得了设计简便、工作明确、维修方便等好处。

控制器的形式可以多种式样,但其基本设计方法有较强的规律性。本书只介绍小型控制器的一般设计方法。

6.4.2 计数器型控制器

有了 ASM 流程图,把它转换成硬件就变成一件比较简单的工作了。只要按给定的 AMS 流程图构造一个状态发生电路,使它具有 ASM 中所需的全部状态,并能依照控制算法条件进行状态转移和条件输出就行了。

"状态发生电路"的形式多种多样,因而控制器的形式也是多种多样的。由于计数器本身有许多不同的状态,因而各种形式的计数器均可以改造为控制器,这只要按照控制条件实现状态的转移,就可以从不同状态下的输出得到所需要的控制信号。控制状态数较少的控制器可采用环形计数器作为状态发生电路,它的一个触发器对应一种控制状态。当控制状态数较多时,为了节省触发器数目,宜采用编码方式组成状态。对 n 个触发器进行编码最多可代表 2^n 个状态,也就是可以构成 2^n 个状态编码。将所要求的控制状态按一定原则进行编码分配,就可设计出一种状态计数型的控制器,通常称之为计数器型控制器。

计数器型控制器的一般框图如图 6.12 所示。图中计数器含有 n 个触发器,触发器的状态作为状态变量以二进制编码的形式赋予 ASM 流图中的每一个状态框,而条件输出框不予赋值。按照输入条件及状态流程图所规定的状态转移的要求,设计次态控制逻辑,使计数器状态按流程图所规定的转移顺序进行计数转移。计数器状态经译码后输出,作为有关的控制信号。

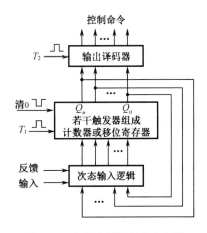

图 6.12　小型控制器的结构框图

【例5】　图 6.13(a)为某一控制器的算法流程图，请设计一个计数器型控制器。

解　根据控制算法流程图可知，该控制器需要两个触发器，应设置两个状态变量 A 和 B。触发器可采用 JK 型或 D 型。此处采用 D 型触发器。

从 ASM 流程图可看出算法状态机的输入和输出参数。本例的算法状态机的输入为 X，并有 C_1 和 C_2 两个控制命令输出。使用两个触发器 A 和 B 可以组成三种编码 00,10 和 11。

用来给出次态激励函数的组合逻辑应满足表 6.1 所示的状态转移真值表。编码 01 状态没有用到，为了避免电源刚接通时状态被锁在 01 的无用状态，必须使 01 的次态为某一有效状态，设 01 的次态为 00。这样一来就需要把编码方式状态发生电路所有四种不同的编码情况都考虑在内，这也同时解决了该电路的初态引导问题。

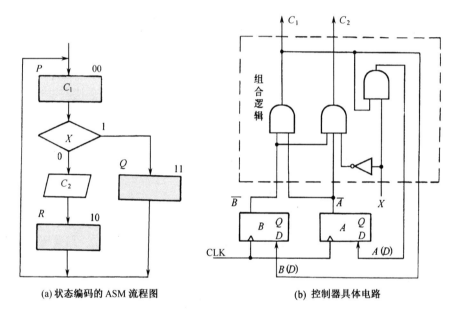

(a) 状态编码的 ASM 流程图　　　　(b) 控制器具体电路

图 6.13　例 5 的计数器型控制器

利用 $\mathrm{NS} = \sum \mathrm{PS} \cdot C$ 公式，不难写出触发器 A 和 B 的次态激励函数的表达式：

$$B(D) = \overline{B}\,\overline{A}\,\overline{X} + \overline{B}\,\overline{A}X = \overline{B}\,\overline{A}$$

$$A(D) = \overline{B}\,\overline{A}X$$

控制器的主要目的是产生一定的控制命令。从算法流程图可得控制信号：

$$C_1 = \text{状态} P = \overline{B}\,\overline{A}$$

$$C_2 = \text{状态} P \text{和} \overline{X} \text{的 "与"} = \overline{B}\,\overline{A}\,\overline{X}$$

最后就可以按上述分析构成控制器的电路，如图 6.13(b)所示。

【例6】　请设计图 6.7 中所示加法累加运算器的控制器，要求采用计数器型控制器。

假设状态周期 $T = T_1 + T_2$，计数器状态变

表 6.1　状态转移真值表

PS			NS	
B	A	X	$B(D)$	$A(D)$
0	0	0	1	0
0	0	1	1	1
0	1	×	0	0
1	0	×	0	0
1	1	×	0	0

化发生在 T_1 时序, 控制信号 LDA,LDB 发生在 T_2 时序。

解　6.3 节中我们完成了加法累加运算器的控制器初步设计, 它需要四步操作来完成两个数相加, 要求控制器有四个控制状态。设四个状态的名字为 a,b,c,d, 并把操作控制命令命名为:

$\overline{\text{CLR}}$ ——寄存器 C 清零;

LDA——寄存器 A 接受输入数据;

LDB——寄存器 B 接收从加法器送来的数据;

ADD——加法使能信号。

寄存器 B 的数据通过通路开关进入加法器, 并与寄存器 A 送来的数相加。根据控制算法, 可作出如图 6.14 所示的 ASM 流程图。图中已将状态编码写于状态框右上角。

根据 ASM 流程图, 可得到它的状态转移真值表(见表 6.2)。表中 A 和 B 是所需的两个触发器。我们选用 D 型触发器, 则求得触发器次态激励方程如下:

表 6.2　状态转移真值表

PS(现态)			NS(次态)		
B	A	状态名	状态名	$B(D)$	$A(D)$
0	0	a	b	0	1
0	1	b	c	1	1
1	1	c	d	1	0
1	0	d	c	1	1

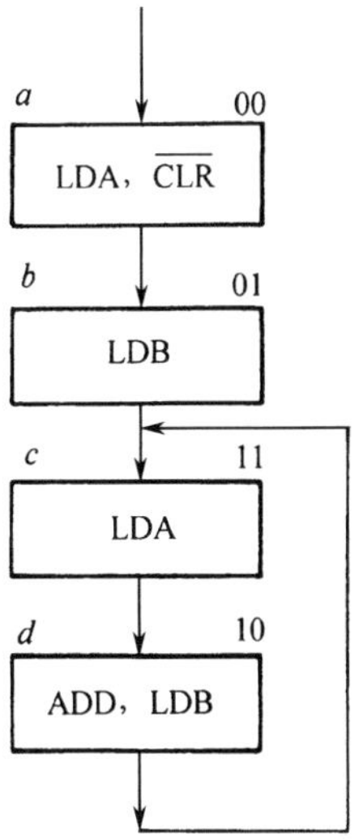

$$B(D) = \overline{B}A + BA + B\overline{A} = B + A$$
$$A(D) = \overline{B}\,\overline{A} + \overline{B}A + B\overline{A} = \overline{B} + \overline{A}$$

从算法流程图还可得到各控制信号的逻辑函数关系为

$$\text{LDA} = (\overline{B}\,\overline{A} + BA)T_2$$
$$\text{LDB} = (B\overline{A} + \overline{B}A)T_2 = (B \oplus A)T_2$$
$$\overline{\text{CLR}} = \overline{B}\,\overline{A}$$
$$\text{ADD} = B\overline{A}$$

式中, LDA, LDB 为脉冲控制信号; $\overline{\text{CLR}}$, ADD 为电位控制信号。打入控制信号 LDA, LDB 应在 T_2 上升沿有效。电位控制信号持续时间应与状态周期 T 相同, $T=T_1+T_2$。

提醒读者注意脉冲控制信号与电位控制信号的区别, 前者持续时间短(仅 T_2 节拍时间), 后者持续时间长($T=T_1+T_2$)。

图 6.14　例 6 的 ASM 流程图

根据上列关系, 可画出如图 6.15 所示的运算器与控制器电路图。寄存器 A 和 B 选用 74LS273 八 D 触发器, 寄存器 C 选用 74LS74, 三态缓冲器采用 74LS244, 加法器选用 2 片 74LS283。注意, 图中右边的控制信号全是电位信号, 为了加入时间因素 T_2, 左边电路中增加了少量的与门以产生脉冲控制信号。T_1 使控制改变状态, T_2 做执行部件的打入信号。也可以将左边的三个与门移到右边控制器中。

上面所举例子中, 控制器的设计方法是一种经典方法。这种设计方法所得到的硬件逻辑电路与它所代表的控制算法之间没有明显的对应关系。算法流程图即使有微小变动, 也会牵动全局, 都要重新逐一计算生成次态激励函数。显然, 这种设计方法在"清晰明确"方面还存在着不足。因为我们希望设计过程标准化, 次态函数生成电路与 ASM 流图有清晰的对应关系。事实上，有许多办法都能达到这一目的，下面介绍的用多路选择器构成次态函数生成电路就是其中的一种。

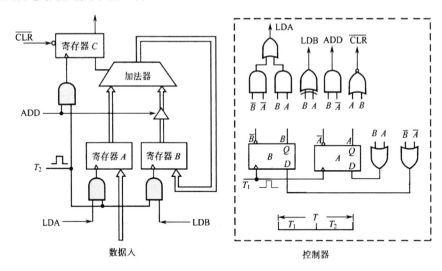

图 6.15   加法累加运算器及其计数器型控制器

6.4.3 多路选择器型控制器

采用多路选择器作为控制器状态触发器的次态激励函数的生成电路，不仅能使控制器的设计过程标准化，而且可以使整个控制器电路"清晰明确"。多路选择器的任务是：按控制算法要求，为其对应的触发器生成次态激励函数。

显然，所有多路选择器输出的组合就是控制器次态的编码。多路选择器应有足够的输入端，使得所有的状态变量都有其相应的输入端。

设计的任务是，按 ASM 控制算法要求，给多路选择器的每一个输入端提供适当的输入值，使之能给出次态所要求的逻辑值。为此，我们给 ASM 图中的每一个二进制编码状态赋予一个十进制数码，以便和多路选择器的输入端编码相对应。然后按 ASM 流程图建立起状态转换表，进而求得多路选择器的各个数据输入端的函数值，完成控制器的设计。

【例 7】   设计一个多路选择器型控制器，实现图 6.13(a) 的控制算法。

解   根据算法流程图可作出如表 6.3 所示的状态转移数据表。状态转移数据表比通常的状态转移表多了一栏——转换条件 C。转换条件栏的数据或表达式，也就是对应的多路选择器的数据输入值。

表 6.3   图 6.13(a) 的状态转移数据表

PS		NS			转换条件 C		
编 码	状态名	状态名	B	A			
0(00)	P	R	1	0	$\overline{X}$	$C_B=\overline{X}$	$C_A=0$
		Q	1	1	X	$C_B=X$	$C_A=X$
2(10)	R	P	0	0	0	$C_B=0$	$C_A=0$
3(11)	Q	P	0	0	0	$C_B=0$	$C_A=0$
1(01)	—	P	0	0	0	$C_B=0$	$C_A=0$

设电路选用两个 D 型触发器 FA 和 FB，相应地需要两个 4 位数据选择器 MUX。多路选择器的输出就是触发器的输入，也就是触发器的次态激励函数。多路选择器的控制端分别与触发器的 Q 输出端相连，标之以 Q_A 和 Q_B。当状态为 Q_A=0，Q_B=0 时，选择器的 0 号输入端(数据端)被选中，根据状态转移表，利用 NS=$\sum$PS·C 公式，将次态变量中真值为 1 的各项按转换条件写出(如 B 变量中 2 项为 1，A 变量中 1 项为 1)，于是得

$$\text{MUXA}(0)=C_A=X \qquad\qquad \text{MUXB}(0)=C_B=\bar{X}+X=1$$
$$\text{MUXA}(2)=C_A=0 \qquad\qquad \text{MUXB}(2)=C_B=0$$
$$\text{MUXA}(3)=C_A=0 \qquad\qquad \text{MUXB}(3)=C_B=0$$
$$\text{MUXA}(1)=C_A=0 \qquad\qquad \text{MUXB}(1)=C_B=0$$

此时用 PS 作为 MUX 的地址输入，用转换条件 C 作为 MUX 的数据输入。例如，PS=00 时，触发器 FB 的次态将为 1，而触发器 FA 的次态取决于输入 X。当系统处于其他 PS 状态时，NS 都应为 00，故 MUX 的输入数据为 0，0。因此可得图 6.16 所示的 MUX 型控制器电路。其控制信号可从 ASM 流程图的输出条件直接得到，并利用触发器的反码端信号得以简化。有关电路的动态工作过程，请观看 CAI 课件演示。

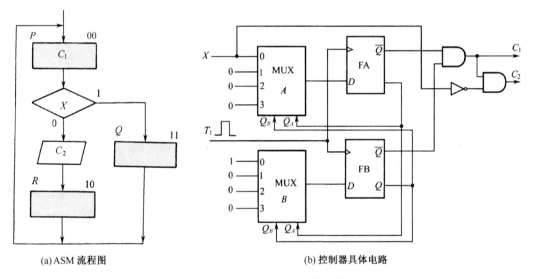

(a) ASM 流程图　　　　　　　　　　(b) 控制器具体电路

图 6.16　例 7 的 MUX 型控制器

用 MUX 来设计控制器的方法简单易行，设计过程相当规正。当 ASM 流程图有变化时，只需对电路中相应的 MUX 输入作适当改变就行了，不至于牵动全局，重新计算各状态激励函数。所使用的器件基本上不受算法流程图变化的影响。一旦熟悉了这种设计方法后，可以不必列出次态函数计算式，而直接从控制算法流程图决定多路选择器的各个输入值。

6.4.4　定序型控制器

定序型控制器需要较多数量的触发器。其基本思想是一对一法，即触发器的数目代表了状态数，并依赖一组最新的代码实现状态转换。这种方法的优点是设计简单，而且也不需要状态译码。当改变控制算法时，适当改变序列发生器即可，不必推倒一切而重新设计

控制器。下面通过实例来说明。

【例8】 有一个数字比较系统，它能连续对两个二进制数据进行比较，操作过程如下：先将两个数存入寄存器 R_A 和 R_B，然后进行比较，最后将大数移入寄存器 R_A 中。其方框图和 ASM 流程图如图 6.17 所示。其中 X 为输入信号，LDR_A，LDR_B 为打入控制信号，CAP 是三态门使能控制信号，$A>B$ 是比较器输出信号。

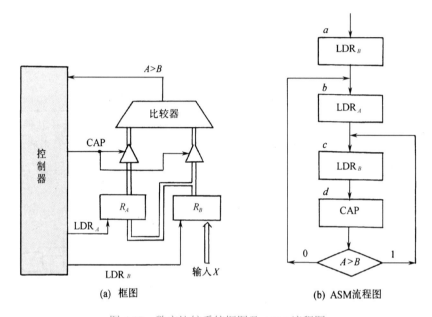

(a) 框图   (b) ASM流程图

图 6.17   数字比较系统框图及 ASM 流程图

请设计定序型控制器。假设控制器状态变化发生在 T_1 时序，打入寄存器操作发生在 T_2 时序，状态周期 $T=T_1+T_2$。

解   定序型控制器采用"一对一法"进行设计，即一个状态使用一个 D 触发器。首先对 ASM 流程图 6.18(a)进行编码(写于右上角)。表 6.4 列出了状态转移真值表。

表 6.4   状态转移真值表

PS(现态)				NS(次态)				转移条件 C
Q_a	Q_b	Q_c	Q_d	$Q_a(D)$	$Q_b(D)$	$Q_c(D)$	$Q_d(D)$	
1	0	0	0	0	1	0	0	四个触发器初始化清0
0	1	0	0	0	0	1	0	
0	0	1	0	0	0	0	1	
0	0	0	1	0	0	1	0	$A>B$
				0	1	0	0	$\overline{A>B}$

由于状态与触发器是一对一的，所以各触发器的次态激励方程可按 $NS=\sum PS \cdot C$ 公式写出：

$$Q_a(D) = \overline{\overline{Q_a} + Q_b + Q_c + Q_d}$$
$$Q_b(D) = Q_a + \overline{(A > B)} \cdot Q_d$$
$$Q_c(D) = Q_b + (A > B) \cdot Q_d$$
$$Q_d(D) = Q_c$$

控制信号逻辑表达式如下：

$$\mathrm{LDR}_B = (Q_a + Q_c) \cdot T_2 \qquad ；脉冲控制信号$$
$$\mathrm{LDR}_A = Q_b \cdot T_2 \qquad ；脉冲控制信号$$
$$\mathrm{CAP} = Q_d \qquad ；电位控制信号$$

图 6.18(b)画出了定序型控制器的逻辑电路图。为了直观，激励方程表达式的实现直接采用了与或门的形式。LDR_B 和 LDR_A 控制信号的表达式用与非门和与门实现，CAP 信号不需要译码，直接从 Q_d 端引出。打入控制信号应和 T_2 相与，用 T_1 上升沿改变触发器状态。

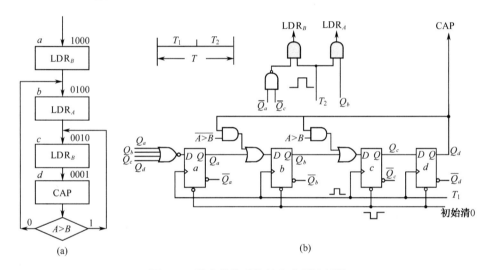

图 6.18　数字比较系统的定序型控制器

6.5　数字系统设计实例

本章前面介绍的数字系统设计方法是一种由顶向下的方法，其过程大致分为三步：①确定初步方案；②子系统划分，确定详细方案；③选用子系统，完成具体设计。下面通过药片装瓶控制数字系统设计实例，进一步体验数字系统的设计方法和过程，并取得实践经验。

6.5.1　由顶向下——子系统的划分

图 6.19 示出了药片装瓶控制与显示系统的组成总框图，它可以划分为如下七个子系统：

　　输入子系统　由十进制数(0~9)十个键盘和 BCD 码编码器组成，编码值为 BCD 码，输入子系统用来设置每个瓶子中应装的药片数。编码器是组合逻辑。

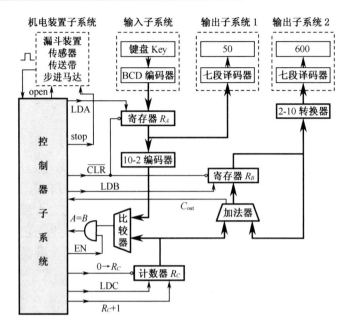

图 6.19   药片装瓶控制数字系统总框图

　　输出子系统 1　用来显示每个瓶子中所装的药片数。由于用七段数码管进行显示，所以采用七段译码器。译码器的输入来自寄存器 R_A，它保存键盘上输入的 BCD 码。译码器是组合逻辑。

　　输出子系统 2　用来显示多个瓶子中所装的药片总数值。该值放在累加寄存器 R_B 中。但 R_B 中的数是二进制数，所以经 2-10 转换器变成十进制数，才能进行七段显示。2-10 转换器可用组合逻辑，也可用 ROM 组成。

　　机电装置子系统　它由漏斗装置、传感器、放置药瓶的传送带、步进电机等组成，将药片通过漏斗装进药瓶中。通过传感器可送出 1 粒药片已装入药瓶的信号来进行计数。当一瓶中装满设定的药片数目时，关闭漏斗，启动步进电机，使传送带上的空药瓶停在漏斗下面，又开始新一轮药片装瓶操作。由控制器送出的 open、stop 两个命令来启动或关闭机电装置子系统。

　　比较子系统　由寄存器 R_A、10-2 转换器、计数器 R_C 和比较器组成。比较器用二进制数工作，所以将 R_A 中的 BCD 数转换成二进制数，计数器 R_C 采用二进制计数。10-2 转换器、比较器为组合逻辑，寄存器 R_A、计数器 R_C 为时序逻辑。

　　加法子系统　由计数器 R_C、累加寄存器 R_B、加法器三部分组成，完成多瓶总药片数的计算。当加法器求和运算最高进位输出信号 $C_{out}=1$ 时，意味着累加寄存器 R_B 将会溢出，控制器发出 stop 命令使机电子系统关闭。加法子系统中加法器为组合逻辑，没有记忆功能，所以求和结果要用 R_B 保存。

　　控制器子系统　它是整个药片装瓶控制显示系统的核心子系统，用来协调各子系统有条不紊的工作。控制器可以采用硬布线控制器方式，也可以采用微程序控制器方式。下面两小节将分别进行讲述。

6.5.2　小型控制器的实现方案

小型控制器设计的关键是：根据数据通路图，画出 ASM 流程图，如图 6.20 所示。它由 $S_0 \sim S_7$ 共 8 个状态组成，状态编码为 $000 \sim 111$。

根据 ASM 流程图，我们可得到它的状态转移真值表，如表 6.5 所示。我们选用三个 D 触发器，分别命名为 A，B，C。

表 6.5　状态转移真值表

PS				NS				
状态名	A	B	C	状态名	$A(D)$	$B(D)$	$C(D)$	转移条件
S_0	0	0	0	S_1	0	0	1	
S_1	0	0	1	S_2	0	1	0	
S_2	0	1	0	S_3	0	1	1	
S_3	0	1	1	S_4	1	0	0	
S_4	1	0	0	S_5	1	0	1	
S_5	1	0	1	S_4	1	0	0	$(A=B)=0$
S_5	1	0	1	S_6	1	1	0	$(A=B)=1$
S_6	1	1	0	S_3	0	1	1	$C_{out}=0$
S_6	1	1	0	S_7	1	1	1	$C_{out}=1$

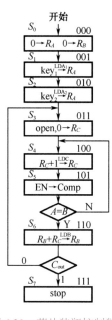

图 6.20　药片装瓶控制数字系统 ASM 流程图

由状态转移真值表，利用 $\mathrm{NS} = \sum \mathrm{PS} \cdot C$ 公式，可求出次态激励函数表达式如下：

$$A(D) = \overline{A}BC + A\overline{B} + AB\overline{C} \cdot C_{out}$$

$$B(D) = \overline{A}B\overline{C} + \overline{A}BC + A\overline{B}C(A=B) + AB = AB + B\overline{C} + \overline{A}BC + A\overline{B}C(A=B)$$

$$C(D) = \overline{A}C + A\overline{B}\overline{C} + AB = AB + \overline{C}$$

由此可画出三个 D 触发器的次态输入逻辑电路。

设状态周期 $T = T_1 + T_2$，T_1 时序用做状态变化定时，T_2 时序用做打入寄存器定时，则控制器发出的控制命令表达式如下：

$\overline{\mathrm{CLR}}\,(0 \to R_A \cdot B_B) = S_0 = \overline{A}\,\overline{B}\,\overline{C}$（电位）

$\mathrm{LDA}_1\,(\mathrm{key}_1 \to R_A) = S_1 \cdot T_2 = \overline{A}\,\overline{B}C \cdot T_2$（脉冲）

$\mathrm{LDA}_2\,(\mathrm{key}_2 \to R_A) = S_2 \cdot T_2 = \overline{A}B\overline{C} \cdot T_2$（脉冲）

$\mathrm{open} = S_3 = \overline{A}BC$（电位）

$0 \to R_C = S_3 = \overline{A}BC$（电位）

$R_C + 1 = S_4 = A\overline{B}\,\overline{C}$（电位）

$\mathrm{LDC} = S_4 \cdot T_2 = A\overline{B}\,\overline{C}T_1$（脉冲）

$\mathrm{EN} = S_5 = A\overline{B}C$（电位）

$\mathrm{LDB} = S_6 \cdot T_2 = AB\overline{C} \cdot T_2$（脉冲）

$\mathrm{stop} = S_7 = ABC$（电位）

控制器逻辑图如图 6.21 所示，它由 3 个 D 触发器、触发器次态激励逻辑、控制命令译码逻辑三大部分组成。

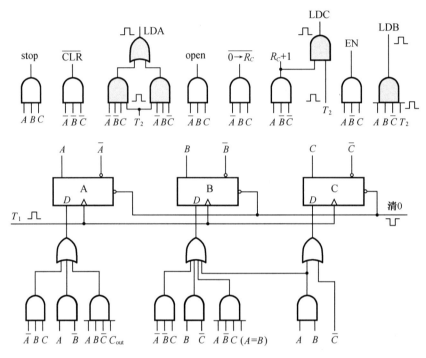

图 6.21   小型控制器逻辑方案图

小　结

数字系统是指交互式的以离散形式表示的具有存储、传输、处理信息能力的逻辑子系统的集合物，一般由输入、输出、存储部件、处理部件、控制部件几部分组成。其工作特点是具有周期性的活动。

数字系统与逻辑功能部件的重要区别有两点：数字系统一定含有控制器，而逻辑功能部件则没有。数字系统的设计方法是自上而下；而逻辑功能部件设计方法是自下而上。

数字系统的核心部分是控制器，因此控制器的设计成为构成数字系统的关键。小型硬布线控制器，必须先画出控制算法流程图（ASM 流程图），然后将其转换成电路。

习　题

1. 现有 D 触发器组成的三个 n 位寄存器，需要连接起来传送数据。当控制信号 S_A 有效时，执行 $(R_A) \rightarrow R_C$ 的操作；当控制信号 S_B 有效时，执行 $(R_B) \rightarrow R_C$ 的操作。试写出连接电路的逻辑表达式，并画出逻辑电路图。

2. 现有 D 触发器组成的四个 8 位寄存器，要求它们彼此之间实现数据传送，试设计连接电路。

3. ALU 的输出端一般带有一个移位器，其功能为：① ALU 输出正常传送；② ALU 输出左移 1 位

(ALU_{i+1}) 传送；③ ALU 输出右移 1 位 (ALU_{i-1}) 传送。试设计移位器的逻辑电路，并画出相邻 3 位逻辑图。

4. 一个系统有 A，B 两条总线，为了接收来自任何一条总线上的数据并驱动任何一条总线，需要一个总线缓冲寄存器。请用 D 触发器和三态门设计一个总线缓冲寄存器。

5. 试构造能完成下列程序操作的 ASM 图：

(1) if $X=N$, then$\cdots$。

(2) if $X\neq N$, then$\cdots$, else$\cdots$。

(3) for X from A to B, step C, do$\cdots$。

(4) while $X=Y$, do$\cdots$。

(5) if $X>N$ OR $X<O$, then$\cdots$, else$\cdots$。

6. 有一个数字比较系统，它能对两个 8 位二进制数进行比较。其操作过程如下：先将两个 8 位二进制数存入寄存器 A 和 B，然后进行比较，最后将大数移入寄存器 A 中。要求：

(1) 画出此系统方框图，并构造 ASM 流程图。

(2) 设计一个计数器型控制器。

7. 根据题 6 的条件，设计一个 MUX 型控制器。

8. 根据题 6 的条件，设计一个定序型控制器。

9. 某控制器的状态表如表 P6.1 所示，其中 X 和 Y 为输入变量，试设计一个计数器型控制器。

表 P6.1

PS	NS				输出 F			
	XY=00	01	10	11	XY=00	01	10	11
A	A	B	C	D	1	0	0	0
B	A	A	C	D	0	1	0	0
C	A	B	B	D	0	0	1	0
D	A	B	C	D	1	1	1	1

10. 根据题 10 的条件，设计一个 MUX 型控制器。

11. 根据题 10 的条件，设计一个定序型控制器。

12. 设计一个累加运算系统的定序型控制器。

13. 设计一个累加运算系统的 MUX 型控制器。

14. 按图 P6.1 所示的 ASM 流程图，设计一个计数器型控制器。

15. 按图 P6.1 所示的 ASM 流程图，设计一个 MUX 型控制器。

16. 按图 P6.1 所示的 ASM 流程图，设计一个定序型控制器。

17. 设计十字路口交通信号灯控制系统，它用于主干道与乡间公路交叉路口。"主干道绿灯、乡间道红灯"持续时间为 60s，"主干道红灯、乡间道绿灯"持续时间为 20s。在两个状态交换过程中出现的"主干道黄灯、乡间道红灯"和"主干道红灯、乡间道黄灯"的时间各为 4s。请设计控制器。

18. 设计一个彩灯控制器系统，能让一排彩灯(12 只)自动改变显示花样。控制器有如下控制功能：①彩灯规则变化，变化节拍有 0.5s 和 0.25s 两种，交替变化，每种节拍可有 8 种花样，各执行一个周期后轮换；② 彩灯变化方向有单向移动、双向移动。

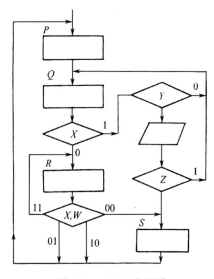

图 P6.1   ASM 流程图

提示：灯光移动用移位寄存器实现，各种花样可以存于寄存器中，使用时并行置入寄存器，有的可以利用环形计数器实现。花样控制信号可用 4 位计数器控制，1 位控制节拍，另 3 位控制花样。

第 7 章

——————————————— A/D 转换、D/A 转换 ————

一个数字信号处理系统通常带有模拟→数字(A/D)转换器和数字→模拟(D/A)转换器。本章简要介绍 A/D 转换及 D/A 转换原理及其器件。

7.1 数字信号处理的基本概念

数字信号处理是将自然界中产生的模拟信号，如声音、图像、传感器信息等，转换成数字信号，并且运用数字技术增强和修改模拟信号数据来实现各种应用。

随着数字技术，特别是计算机技术的飞速发展与普及，在现代控制、通信及检测等领域，为了提高系统的性能指标，对信号的处理广泛采用了数字计算机技术。由于系统的实际对象往往都是一些模拟量(如温度、压力、位移等)，要使计算机能识别、处理这些信号，必须首先将这些模拟信号转换成数字信号；而经过计算机分析、处理后输出的数字量也往往需要将其转换为相应的模拟信号才能为执行机构所接受。这样，就需要在模拟信号与数字信号之间进行转换。

图 7.1 展示了数字信号处理系统的一般结构，其中 DSP 通常称为数字信号处理器，它包含 CPU 和存储器。I/O 为输入/输出通道，ADC 为模拟量转换为数字量的器件，DAC 为数字量转换为模拟量的器件。

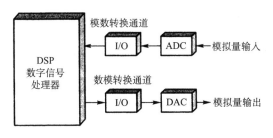

图 7.1 数字信号处理系统

一个数字信号处理系统，首先将连续变化的模拟信号转换成一系列的离散电平，这一系列的电平跟随模拟信号的变化而变化，用阶梯状变化来近似原来的模拟信号。如图 7.2 所示，一个原始的模拟信号(正弦波)，用阶梯化的台阶来近似。而原始的模拟信号到"阶梯化台阶"的转变过程是通过一个采样保持电路来实现的。然后，这个近似台阶被量化成二进制编码。这个编码表示阶梯台阶的离散值。这个处理过程叫做模数转换(A/D)，执行 A/D 转换的电子器件叫模拟数字转换器(ADC)。

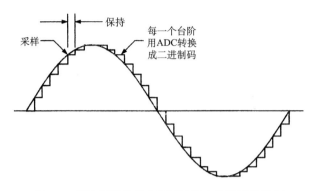

图 7.2   原始模拟信号(正弦波)和它的阶梯化近似

一旦模拟信号被转换成二进制编码形式，它就会送到 DSP 中进行处理。DSP 可以对输入的数据执行各种操作，如去除有害的干扰，增加某些信号频率振幅并减少其他信号频率的振幅，检测和校正传输编码中的错误。然后根据实际应用，进行各种数据处理。当 DSP 处理后的数据进行输出时，它必须通过一个数模转换器(DAC)又转换成大大改善的模拟信号。

7.2   A/D 转换

7.2.1   采样定理

将模拟量转换成数字量的过程称为模拟数字转换，简称为模数转换或 A/D 转换。

根据信息论的原理，当采样频率大于模拟信号中最高频率成分的两倍时，采样值才能不失真地反映原来模拟信号，这称为采样定理。其数学表达式为

$$f_s \geqslant 2f_{amax} \tag{7.1}$$

式中，f_s 为采样频率，f_{amax} 为奈奎斯特频率，它是模拟信号中的最高频率成分(谐波)。

7.2.2   模数转换过程

模数转换一般要经过采样、保持、量化、编码几个步骤。

1. 采样

图 7.3 描述了采样的过程。所谓采样就是在波形上采集大量的离散值，这些值可以代表这一波形。采样值越多，越能精确定义一个波形。采样时将模拟信号转换成一系列的脉冲信号，每个脉冲代表该信号在给定时刻的幅度，即该时刻的纵坐标值。图中有两个输入波形，一个是模拟信号，另一个是采样脉冲波形。

2. 保持采样值

保持采样值这个阶段是采样后必不可少的工作。这是因为：采样以后，采样频率必须保持不变，直到下一个采样发生。只有这样，才可以使得 ADC 有时间去处理采样值。这个采样及保持阶段会使"阶梯状"波形接近于输入的模拟波形，如图 7.4 所示。

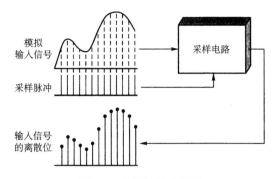

图 7.3   采样过程示意图

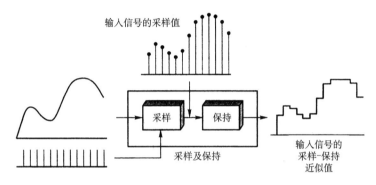

图 7.4   采样-保护阶段示意图

3. 量化和编码

图 7.5 展示了用 16 条水平量化线(4 位)来标记的采样输出波形。图中最上部的连续曲线是原始模拟信号。表 7.1 列出了图 7.5 中 4 位采样波形量化级的二进制编码。

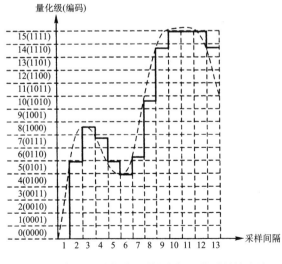

图 7.5   16 条水平量化线(4 位)来标记的采样输出波形

表 7.1   比特采样波形量化有与编码对照

采样间隔	量化级	二进制编码
1	0	0000
2	5	0101
3	8	1000
4	7	0111
5	5	0101
6	4	0100
7	6	0110
8	10	1010
9	14	1110
10	15	1111
11	15	1111
12	15	1111
13	14	1110

7.2.3 A/D 转换器

常见的模拟数字转换器产品有闪速 ADC、逐次逼近型 ADC、双积分式 ADC 等多种。下面以三种 ADC 为例来说明。

1. 闪速型 ADC

图 7.6 展示了一个 3 位输出的闪速 ADC 的组成结构图，其中用到了 7 个比较器(比较器对于全 0 的情况不是必需的)。如果是 4 位输出，转换器则需要 15 个比较器。通常情况下，一个 n 位输出的二进制码转换器需要 2^n-1 个比较器。

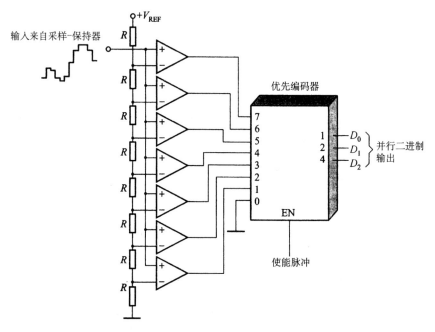

图 7.6 3 位闪速 ADC 结构图

每个比较器参考电压的设置是通过分压电路徕决定的。每一个比较器的输出都和具有优先权编码器的输入相关联。编码器通过在使能输入端 EN 上的脉冲信号来启动，因而编码器输出端的 3 位二进制代码就表示了采样-保护输入的等效值。每一个标准采样的输入信号都有一个使能脉冲，使能脉冲的频率和二进制位的个数则决定模拟数字转换器的精确度。

闪速 ADC 的缺点是，对于合理大小的二进制码需要较多数量的比较器，但主要优点是它提供了一个快速的转换时间，这是因为在每秒的采样测量中，它具有较高的吞吐量。

【例 1】 利用闪速 ADC，画出与图 7.7 所示输入信号对应的编码器数字输出序列波形图，假设 $V_{REF}=+8V$。

解 转换结果的数字输出序列波形图如图 7.8 所示。根据使能脉冲作用的顺序，其二进制输出编码分别为 100 110 111 110 100 010 000 001 011 101 110 111。

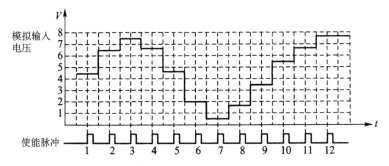

图 7.7 模拟输入波形的采样-保持值

注意，图中 D_0 为 3 位二进制编码的最低位。

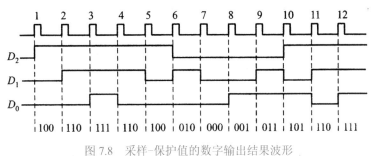

图 7.8 采样-保护值的数字输出结果波形

2. 逐次逼近型 ADC

ADC0804 是一个逐次逼近的模数转换器，图 7.9 是它的简单框图。这个器件用+5V 电源驱动，产生转换时间为 100μs 的 8 位输出结果。芯片本身带有一个时钟发生器。数值输出是三态的，它们可以用微处理器总线系统来连接。

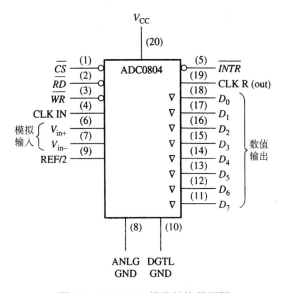

图 7.9 ADC0804 模数转换器框图

ADC0804 器件的基本结构如下：它包含一个相当于 256 个电阻器的 DAC 网络。逐渐逼近逻辑来定序这个网络，以便匹配模拟量不同输入电压差（$V_{in+}-V_{in-}$）与来自电阻网络的输出值。最低有效位 MSB 首先被测试。在 8 次比较后（64 个时钟周期），一个 8 位的二进制编码被传送到输出锁存器，且中断输出（$\overline{INTR}$）变为低电平。这个器件可以在自由运行模式下通过连接 $\overline{INTR}$ 输出到写输入（$\overline{WR}$）来进行工作，并且保护转换状态（$\overline{CS}$）为低电平。为了保证在所有条件下启动，在加电周期中要求 $\overline{WR}$ 输入信号为低电平。在中断处理后的任何时候必须取 $\overline{CS}$ 信号为低。

当写输入（$\overline{WR}$）变低时，内部逐次逼近寄存器和 8 位移位寄存器将被重置。当转换开始和输入保持为低时，模数转换器保持在一个重置状态（RESET）。当 $\overline{CS}$ 或 $\overline{WR}$ 由低变高时，转换器则启动 1~8 个时钟周期。

当 $\overline{CS}$ 或 $\overline{RD}$ 输入任一个为低电平时，三态输出锁存器有效，且将输出编码发送到数据线 $D_0 \sim D_7$ 上。当 $\overline{CS}$ 或 $\overline{RD}$ 输有一个为高时，数据线 $D_0 \sim D_7$ 变为高阻态，禁止数据输出。

3. 双积分式 ADC

双积分 ADC 的组成结构如图 7.10 所示，由下列几个主要部分组成。

积分器　它是由运算放大器 A 和 RC 积分网络组成，这是双积分式 ADC 的核心。它的输入端接开关 S，开关 S 受触发器 FF_n 的状态 Q_n 控制。当 $Q_n=0$ 时，S 接输入电压 v_I，积分器对输入信号 v_I 积分；当 $Q_n=1$ 时，S 接基准电压 V_{REF}，$V_{REF}=-V_R$，积分器对 $-V_R$ 进行积分。因此，积分器进行两次相反的积分。积分器输出 v_B 接零值比较器。

零值比较器　当积分器输出 $v_B>0$ 时，比较器输出 $v_C=0$，封锁与门；当 $v_B \leq 0$，比较器输出 $v_C=1$，打开与门。

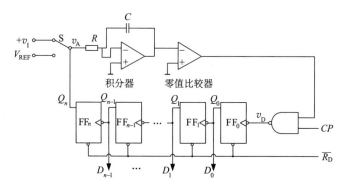

图 7.10　双积分 ADC 组成结构框图

时钟控制与门　与门有连个输入端，一段接零值比较器输出，一端接标准时钟脉冲源。

计数器和定时电路　它由 $n+1$ 个触发器构成。$FF_0 \sim FF_{n-1}$ 构成 n 位二进制计数器。计数器在启动脉冲的作用下，全部触发器置 0，由于 FF_n 输出 $Q_n=0$，使开关 S 接 v_I，同时 n 位二进制计数器进行计数。当计数器输入 2^n 个计数脉冲后，触发器 $FF_0 \sim FF_{n-1}$ 状态由 11···1 回到 00···0，Q_{n-1} 输出触发 FF_n，使 Q_n 由 0 变成 1，发出定时控制信号，使开关 S 接到基准电源 V_{REF}。$FF_0 \sim FF_{n-1}$ 又开始从 0 计数，将与输入模拟信号的平均值成正比的时间间隔转换成数字量。

下面以正极性 v_I 为例，定量说明其工作情况。工作波形如图 7.11 所示。其工作过程可分为两个阶段：

（1）采样阶段　在启动脉冲作用下，将全部触发器置 0。由于 $Q_n=0$，使开关 S 与输入信号 v_I 相连，A/D 转换开始。v_I 加到积分器输入端后，积分器对 v_I 进行积分，输出为

$$v_B = -\frac{1}{RC}\int_0^t v_I dt$$

由于 $v_B<0$，零值比较器输出 $v_C=1$，CP 通过与门加到计数器，n 位二进制计数从 0 开始计数，一直计到 2^n 个计数脉冲后，有

$$t=T_1=2^n T_{CP}$$

触发器 $FF_0\sim FF_{n-1}$ 又全部返回到 0，而 FF_n 触发器由 0 翻转到 1。由于 $Q_n=1$，使开关 S 转换至基准电源 V_{REF}，至此，采样结束。此时

$$v_B = v_{B0} = -\frac{T_1}{RC}v_I = -\frac{2^n T_{CP}}{RC}v_I$$

式中，T_{CP} 为标准时钟脉冲周期。

（2）比较阶段　开关转换至 V_{REF} 后，积分器对 V_{REF} 进行积分，设 $V_{REF}=-V_R$。则

$$\begin{aligned}
v_B &= v_{B0} = -\frac{1}{RC}\int_{T_1}^t -V_R dt \\
&= -\frac{2^n T_{CP}}{RC}v_I + \frac{V_R}{RC}(t-T_1) \\
&= -\frac{2^n T_{CP}}{RC}v_I + \frac{V_R}{RC}T_2
\end{aligned}$$

当 v_B 逐步上升至 $v_B\geq 0$ 时，领纸电压比较器输出 $v_C=0$，封锁了与门，计数器停止计数。假设此时计数器记录了 M 个脉冲，则

$$T_2=t-T_1=MT_{CP}$$

代入 v_B 可求得

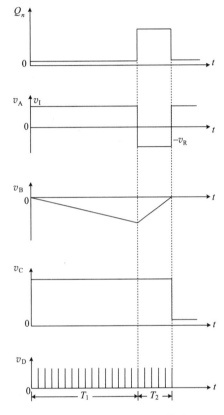

图 7.11　双积分 ADC 的工作波形

$$v_B = -\frac{2^n T_{CP}}{RC}v_I + \frac{V_R}{RC}MT_{CP}$$

$$M = \frac{2^n}{V_R}v_I \tag{7.2}$$

由表达式(7.1)可见，计数器记录的脉冲数 M 与输入电压 v_I 成正比，计数器记录个计数脉冲后的状态就表示了 v_I 的数字量二进制代码，这样实现了 A/D 转换。

双积分式 ADC 具有较多的优点。首先，转换结果与积分时常数 RC 无关，从而消除了由于积分非线性带来的误差。其次，由于输入信号的积分时间 $T_1=2^n T_{CP}$ 较长且是固定值，而 $T_2 = MT_{CP} = \frac{2^n}{V_R}v_I T_{CP} = \frac{v_I}{V_R}T_1$，表明反向计分时间 T_2 与输入信号 v_I 成正比。由于经过两次

积分，所以对称性干扰、元件误差及延迟等因素均自动消掉了，所以抗干扰能力较强。此外，这种 ADC 不必采用高稳定度的时钟脉冲源，它只要求时钟源在一个转换周期(T_1+T_2)时间内保持稳定即可。因此这种 ADC 广泛应用于要求精度较高而转换速度不高的仪器仪表中。

7.2.4　ADC 的性能参数

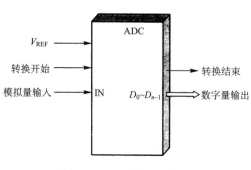

图 7.12　ADC 的外部特性

ADC 芯片的外部特性，如图 7.12 所示，应包括模拟输入、数字输出以及"转换开始"的控制信号和"转换结束"的状态信号等。有的产品还集成有多路开关(MUX)，提供多通道的模拟输入。

反映 ADC 性能的参数有分辨率、转换时间以及误差指标，在实际应用中应该首先考虑分辨率和转换时间，即精度和速度。

分辨率　数字量变化一个最小量时，模拟信号的变化量定义为满刻度与 2^n 的比值。分辨率又称精度，通常以数字信号的位数来表示，如 8 位 ADC、12 位 ADC 等。

转换速率　指完成一次 A/D 转换所需的时间。即从输入启动转换信号开始到转换结束得到稳定的数字输出量为止的时间。转换速率也可用吞吐量来度量，它表示每秒钟能够处理的采样率。

7.3　D/A 转换

将数字量转换成模拟量的过程称为数字模拟转换，简称为数模转换或 D/A 转换，对应的电子转换器件称为 DAC。

数字量是用二进制代码按数位组合起来进行表示的，对于有权码，每位码都有一定的位权。为了将数字量转换成模拟量，必须将每一位的代码按其位权的大小转换成相应的模拟量，然后将这些模拟量相加，即可得到与数字量成正比的总模拟量，从而实现数模转换。

7.3.1　权电阻 DAC

图 7.13 是权电阻的 DAC 原理图。输入电阻的值与相应输入位的二进制权重成反比，最小的电阻值等于最大的二进制权重输入，其他的电阻是 R 的倍数(即 $2R$，$4R$，$8R$)，并且分别对应着 2^2，2^1，2^0。输入电流也与二进制权重成反比。

由于有非常高的阻抗，几乎没有电流进入反相输入的运算放大器，因此所有输入电流的总和则通过运算放大器的反馈电阻 R_f。由于反相输入端电压为 0(虚拟地)，因此通过 R_f 的电流在其上产生的电压降就是输出电压，即 $V_{out}=-(I_f \times R_r)$，即输出电压 V_{out} 为负值。

图 7.14 展示了权电阻 DAC 的输出波形图。从图看出，第一组二进制码是 0000，它产生了 0V 输出电压；下一组输入是 0001，产生了 –0.25V 输出电压；再下一组是 0010，产生了一个 –0.50V 的输出电压；再下一组是 0011，产生了一个 $-(0.25+0.5)=-0.75V$ 的输出电压。

每一个连续的二进制码使得输出电压以–0.25V 的幅度增加，使得输出端在 0～–3.75V 的范围内呈阶梯状线性分布。

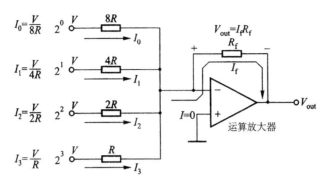

图 7.13　二进制加权输入的 DAC

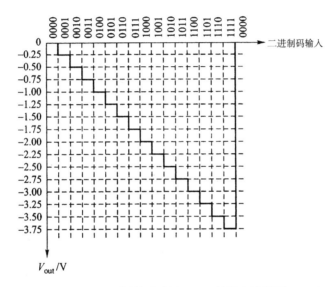

图 7.14　二进制加权输入 DAC 的输出波形图

7.3.2　*R-2R* T 型 DAC

图 7.13 所示 DAC 的不足之处是不同电阻值的数量以及所有的输入电压必须严格相同。例如一个 8 位的 DAC 需要 8 个电阻，其阻值从 R 到 $2^7R=128R$，这种电阻的范围对转换将会造成 1/255 的误差。为此可改进权电阻模式的 DAC，图 7.15 所示为 *R-2R* T 型 DAC 内部结构图。

R-2R T 型 DAC 只使用两种电阻值。假定输入端 D_3 为高电压(5V)，D_2、D_1、D_0 为低电压(0V)，这种情况代表二进制数码 1000。通过画出等效电路图我们看到，运算放大器反相输入端为 0V(接地)，通过 R_7 的电流 $I=5V/2R$ 也流过反馈电阻 R_f，其输出电压 $V_{out}= -IR_f= -(5V/2R)\times2R= -5V$。

当输入二进制码为 $D_3D_2D_1D_0=0100$ 时，D_2 为 5V，其他 $D_3=D_1=D_0$ 为 0V，通过画等效电路图，求得输出电压 $V_{out}=-IR_f=-(2.5V/2R)\times2R=-2.5V$。

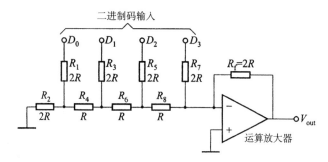

图 7.15　R–$2R$ T 型 4 位 DAC 内部结构图

当输入二提制码为 $D_3D_2D_1D_0$=0010 时，D_1 为 5V，其他 D_3=D_2=D_0，通过画出等效电路可求得流过反馈电阻的电流为 I=1.25V/$2R$，于是输出电压 V_{out}=$-IR_f$= -1.25V。

当输入二进制码为 $D_3D_2D_1D_0$=0001 时，D_0 为 5V，其他端为 0V，通过 R_f 的电压 I=0.625V/$2R$，输出电压 V_{out} 与二进制权重输入位成线性关系。

我们发现，从 D_3 高位到 D_0 低位，低位的权重输入依此产生一个减半的输出电压。因此输出电压 V_{out} 与二进制权重输入位成线性关系。

和权电阻 DAC 相比，优点是电阻种类只有 R 和 $2R$ 两种，精度易保证，缺点是电阻的数量较多。

7.3.3　R-$2R$ 倒 T 型 DAC

在动态过程中 T 型电阻网络相当于一根传输线，从输入加到各级电阻上开始到运算放大器的输入电流稳定地建立起来为止，需要一定的传输时间，因此在位数较多时将影响 DAC 的工作速度。而且，由于各级电流信号到达运算放大器输入端的时间有先后，还可能在输出端产生相当大的尖峰脉冲，如数字量由 1000 变为 0111，由于高位先到达运放输入端，低位后到达，则 1000 变为 0111 经过如下过程：1000→0000→0100→0110→0111，输出电压波形将产生如图 7.16 所示的尖峰脉冲。

为提高转换速度和减小输出端尖峰脉冲，有效方法是将图 7.15 所示的 R-$2R$ T 型 DAC 改为倒 T 型 DAC，图 7.17 所示为 4 位 R-$2R$ 倒 T 型 DAC 结构图。

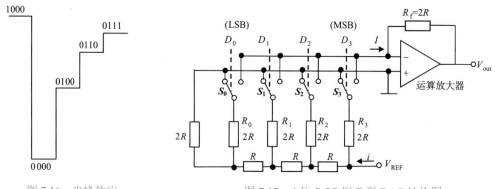

图 7.16　尖峰效应　　　　　图 7.17　4 位 R-$2R$ 倒 T 型 DAC 结构图

由图 7.17 可见，当输入数字信号的任何一位是 1 时，对应的开关便将电阻接到运算放大器的输入端。而当它是 0 时，将电阻接地。因此，不管输入信号是 1 还是 0，流过每支路电阻的电流始终不变。从基准电压输入端流过的总电流也是固定不变的，它的大小 $i=V_{REF}/R$。通过 R_3, R_2, R_1, R_0 电流分别为 $i_3=i/2, i_2=i/2^2, i_1=i/2^3, i_0=i/2^4$，所以以流入运算放大器输入端的总电流 $i=i_3D_3+i_2D_2+i_1D_1+i_0D_0$。

假定 $V_{REF}=5V$，当输入二进制码为 $D_3D_2D_1D_0=1000$，则 $i=i_3=i/2$，通过画等效电路图，求得放大器的输出电压 $V_{out}=-IR_f=-(i/2)\times 2R=-(5V/R)\times R=-5V$。当二进制输入码为 $D_3D_2D_1D_0=0111$ 时，流入运算放大器输入端的总电流 $i=i_2+i_1+i_0$，则 $V_{out}=-IR_f=-(i/2^2+i/2^3+i/2^4)\times 2R=-(4.375V/R)\times R=-4.375V$。

n 位倒 T 型电阻网络 D/A 转换器的输出电压为

$$V_{out}=-\frac{R_f}{R}\frac{V_{REF}}{2^n}\sum_{i=0}^{n-1}D_i2^i \tag{7.3}$$

由于倒 T 型 DAC 中各支路电流直接流入了运算放大器的输入端，它们之间不存在传输的时间差，因而提高了转换速度并减小了动态过程中输出端可能出现的尖峰脉冲。所以倒 T 型 DAC 是目前使用的 DAC 中速度较快的一种，也是应用最多的一种。

7.3.4　DAC 的性能参数

反映 DAC 特性的主要参数有：

分辨率　是指能分辨的最小电压增量。位数越多分辨率越高，通常用百分数表示。例如，一个 8 位的 DAC 和一个 12 位的 DAC，分辨率分别为

$$1/(2^8-1)\times 100\%=1/255\times 100\%=0.392\%$$
$$1/(2^{12}-1)\times 100\%=1/4095\times 100\%=0.0244\%$$

精度　是指 DAC 实际输出电压与理论值之间的误差。一般采用数字量的最低有效位作为衡量单位。

转换时间　是指数字输入到输出模拟量达到稳定所需的时间。

线性度　D/A 转换在理论上应按线性变化。线性度是指模拟输出偏离理想输出的最大值，称为线性误差。

小　结

一个数字信号处理系统一般带有 A/D 转换器(ADC)和 D/A 转换器(DAC)。数字信号处理器(DSP)接受被量化后的自然界各种模拟输入信号，经过数据处理，又将数字信号转换成模拟输出信号，为自然界各种应用进行服务，如音频应用、控制应用、测量应用。

A/D 转换过程由 ADC 转换器完成，一般要经过采样、保持、量化、编码几个步骤。转换过程结束后，模拟输入信号被量化成等值的二进制编码的数字信号。

常见的 A/D 转换器有闪速 ADC、逐次逼近型 ADC 等多种。反映 ADC 参数的性能指标有分辨率、转换速率，二者反映了转换精度和转换速度。

D/A 转换过程由 DAC 转换器完成，转换结束后二进制数字信号又转换成等价增强的模拟输出信号，用于实际应用对象。常见的 D/A 转换器有二进制加权输入的 DAC、R-2R T 型 DAC 等多种。反映 DAC 参数的性能指标有分辨率、精度、转换时间、线性度。

习 题

1. 解释 ADC、DSP、DAC 三个专用术语的定义。

2. 模拟输入信号如图 P7.1 所示，请在表 P7.1 中填入相应数据。

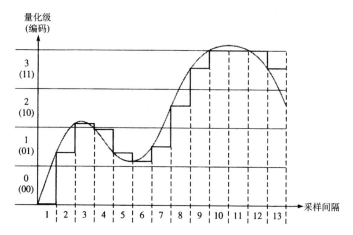

图 P7.1　模拟信号通过 4 级量化后采样-保护输出的波形图

表 P7.1

采样间隔	量化级	二进制编码	采样间隔	量化级	二进制编码
1			8		
2			9		
3			10		
4			11		
5			12		
6			13		
7					

3. 模拟输入信号如图 P7.2 所示，请在表 P7.2 中填入相应数据。

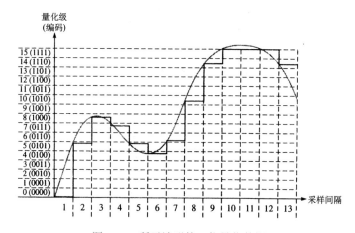

图 P7.2　所示波形的 4 位量化数据

表 P7.2

采样间隔	量化级	二进制编码	采样间隔	量化级	二进制编码
1			8		
2			9		
3			10		
4			11		
5			12		
6			13		
7					

4. 一个 4 位闪速 ADC 如图 P7.3(a)所示，通过测量所得的量化输出结果如图 P7.3(b)所示。请分析台阶存在的问题和可能产生的缺点。

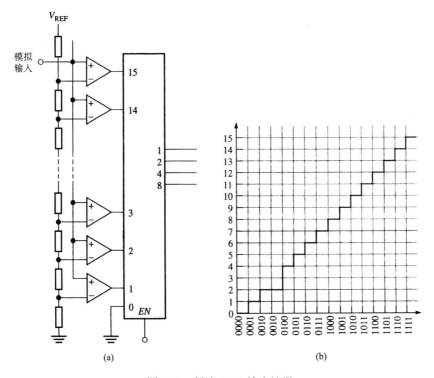

(a)　　　　　　　　　　　　　(b)

图 P7.3　闪速 ADC 输出波形

5. 在图 P7.4 中所示的二进制加权输入的 DAC 转换器中，$R_0=80\text{k}\Omega$，$R_f=5\text{k}\Omega$，则 R_1、R_2、R_3 各应选择多大数值？如果 $V_{REF}=5\text{V}$，输入的二进制码 $D_3D_2D_1D_0=1101$，求输出电压 V_O。

6. 对于 8 位 D/A 转换器：

(1)若最小输出电压增量为 0.02V，试问当输入代码为 0100 1101 时，输出电压 V_O 为多少？

(2)若其分辨率用百分数表示是多少？

(3)若某系统中要求 D/A 转换器的精度小于 0.25%，试问这一 D/A 转换器能否使用？

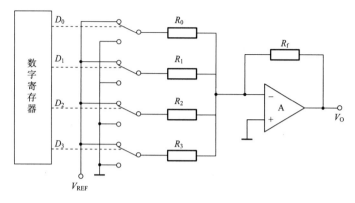

图 P7.4

7. 一个 10 位的二进制权电阻 D/A 转换器，基准电压 V_{REF}=10V，最高位的电阻 R_{10}=10kΩ±0.05%，最低位电阻 R_1 的容差为±5%，试计算

(1) 最高位引入的误差；

(2) 最低位引入的误差。

8. 10 位 R-$2R$ T 型 D/A 转换器如图 P7.5 所示。

(1) 求输出电压的取值范围；

(2) 若要求输入数字量为 200H 时输出电压 V_O=5V，试问 V_{REF} 应取何值？

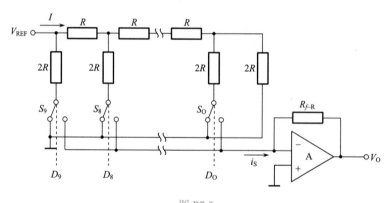

图 P7.5

参 考 文 献

白中英. 2013. 数字逻辑. 6 版. 北京: 科学出版社

白中英. 2013. 数字逻辑解题指南. 6 版. 北京: 科学出版社

白中英, 杨春武. 2011. 计算机硬件基础实验教程. 2 版. 北京: 清华大学出版社

FLOYD T L. 2007. 数字电子技术. 9 版. 改编版. 余璆, 等译. 北京: 电子工业出版社

王公望, 谢松云, 樊立明. 2003. 数字电子技术常见题型解析及模拟题. 3 版. 西安: 西北工业大学出版社

JAIN. R P. 2006. Modern Digital Electronics. 3rd ed. New York: McGraw Hill

FLOYD T L. 2005. Digital Fundamentals. 7th ed. 北京: 科学出版社

MANO M M, KIME C R. 2008. Logic and Computer Design Fundamentals. 4th ed.Upper Saddle River: Pearson Prentice Hall

www. latticesemi. com. cn

www. xilinx. com/ise

附录　《数字逻辑（第七版·立体化教材）》配套教材与教学设备

（1）《数字逻辑（第七版·立体化教材）》。"十二五"普通高等教育本科国家级规划教材，白中英、朱正东主编，科学出版社，2020 年出版。

（2）《数字逻辑习题解析与实验教程（第七版）》。"十二五"普通高等教育本科国家级规划教材，主教材（1）的配套辅教材，白中英、朱正东主编，科学出版社，2021 年出版。

（3）《数字逻辑 CAI 课件》。配合文字教材各章重点和难点内容开发的 260 个多媒体 CAI 演示课件，图文声并举，需要 IE 浏览器、Flash Player 8.0 支持。

（4）《数字逻辑电子教案 PPT 版》。

（5）《数字逻辑习题答案库》。提供主教材第七版的习题答案。

（6）《数字逻辑课程设计范例》。

设计学生：马钊、杨晨笛；指导教师：杨秦。

（7）"TEC-5 数字逻辑与计算机组成实验系统"、"TEC-8 硬件综合实验系统"，清华大学科教仪器厂研制生产的发明专利产品，用于"数字逻辑"、"计算机组成原理"等课程的教学实验和综合课程设计，也可用于科研开发，一机多用，投资费用少。

（8）可编程工具软件。美国 Lattice 半导体有限公司、Xilinx 公司免费提供教学版。

Lattice 公司网址 http://www.latticesemi.com.cn

Xilinx 公司网址 http://www.xilinx.com/ise

（9）数字逻辑仿真实验系统，清华大学科教仪器厂申请软件著作权。

数字电子技术仿真实验是利用软件方法来模拟数字逻辑器件中进行的真实实验，通常简称为虚拟实验。

仿真实验的优点是不受资金、实验室环境、时间等因素的限制，但是不能完全代替真实实验。如果"虚实结合"，那么教学质量会大大提高。

①与非门 74LS00 实验；②四选一数据选择器 74LS153 实验；③3：8译码器 74LS138 实验；④74LS253 构成分时多路转换实验；⑤编码器 74LS148 实验；⑥4 位二进制计数器 74LS163 应用实验；⑦寄存器堆实验；⑧小型控制器实验；⑨VHDL 十进制计数器实验；⑩VHDL 比较器实验；⑪节拍脉冲发生器；⑫小型控制器；⑬ A/D 转换器实验；⑭ D/A 转换器实验；⑮数字系统：累加和计算。

清华大学科教仪器厂联系电话：（010）62795355，62782245（传真）。